Geo

metric Pattern

几何图案的
花样编织

在格子、锁链、锯齿花样中加入三角形、四边形等几何图案，
就有一种和传统纹样不同的魅力。无论是编织，还是穿着，都让人心情大好。
一起尝试这种时尚的编织花样吧。

photograph Shigeki Nakashima styling Kuniko Okabe,Yumi Sano hair&make-up Hitoshi Sakaguchi model Ruby Tuesday

锁链花样的套头毛衣

将连在一起的方形锁链花样设计在圆育克和袖口处。这种花样是使用起伏针和滑针织成的马赛克花样。马赛克花样的针目很密实，可以借此感受和下针编织不同的乐趣。

设计/野口 光
制作/今泉史子
编织方法/87页
使用线/手织屋

黑白格开衫

用拉针编织细密的格子花样，黑色为主色调。整体的风格既带着一丝甜美，也不乏休闲的感觉。开衫的魅力果然无穷大。

设计 / SAQULAI.inc Sai Chika
制作 / 野波留美子
编织方法 /86 页
使用线 / 手织屋

几何花样的套头毛衣

各种各样的几何花样组合在一起,很有韵律感。小巧的配色花样很容易编织,又灵动多变,编织过程丝毫不会觉得枯燥。既可搭配出酷酷的感觉,也可以穿出可爱的感觉,非常百搭。

设计 / 野口智子
编织方法 /92 页
使用线 / 奥林巴斯

配色花样开衫

将宽窄不同的荷叶边花样和椭圆形花样组合在一起，编织成雅致的配色毛衫，很时尚。比普通款略长一些，穿着更暖和。袖子大胆地使用了拼接设计。

设计 / yohnKa
编织方法/89页
使用线/奥林巴斯

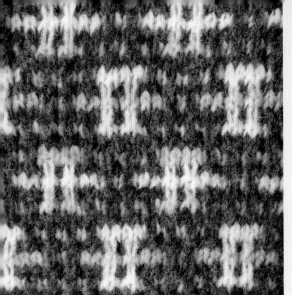

井栏花样双色开衫

用蓬松、柔软的羊驼毛毛线编织双色开衫。
井栏花样很特别，带给人们不一样的感觉。
这款开衫非常轻柔、温暖，适合外出时穿着。

设计 / 河合真弓
制作 / 冲田贵美子
编织方法 / 96页
使用线 / 内藤商事

锯齿花样套头衫

编织配色花样的同时，将锯齿花样和竖条纹花样组合在一起，给人别开生面的感觉。加入镂空花样，让尖尖的锯齿花样看起来更加清晰。宽宽的船领，宽宽的袖口，都很适合优雅的成年女士。下摆和袖口编织起伏针，让边缘有了立体感。

设计/兵头良之子
制作/矢部久美子
编织方法/91页
使用线/内藤商事

配色花样的帽子和
长腕手套

这款编织帽上的花样像拼贴的木纹一样，很有个性，帽顶还有一个绒球。既时尚，又保暖。长长的护腕，让手和腕部不再寒冷。三角形和人字形花样组合，这种设计别出心裁。

设计 / 宇野千寻
编织方法/97页
使用线 / NV Yarn

色彩斑斓的开衫

不同颜色的织片组合在一起，配色风格很像
几何抽象画派先驱蒙德里安，妙不可言。优
质的粗毛线和马海毛线并在一起编织，给人
柔软斑驳的感觉。因为使用了多种颜色，所
以在搭配上很自由。

设计 / 风工房
编织方法 /94 页
使用线 /NV Yarn

Georgia 格鲁吉亚

传统手工的魅力

上／穿着格鲁吉亚传统服装 Chokha 的格鲁吉亚驻日临时代理大使

下／格鲁吉亚大使馆官方吉祥物——扎扎（Zaza）的玩偶

格鲁吉亚是亚洲和欧洲的分界点，是一个被丰富的文化所养育的国家。它以高加索山脉的美景和历史最悠久的极具诱惑力的葡萄酒而闻名。它是高加索地区的一个国家。

这次，就格鲁吉亚的手工这一专题，我采访了格鲁吉亚驻日临时代理大使 Teimuraz Lezhava，他认为："格鲁吉亚现在古老的传统和崭新的时代正在融合，每天都在发生着变化。另一方面，人们开始重新审视传统服装，把它看作需要传承的东西。特别是在重大场合穿着的服装，它将我们的国民性外化为实物，蕴含的价值越来越高。衣服上的刺绣、编织等精美的手工装饰，也有很多值得关注的设计。"

去年出席"即位礼正殿之仪"的时候，大使穿的"Chokha"的服装引起热议。Chokha 是以古代作战服为基础而设计的男性代表性服装。贵族所穿的华丽服装和用极细毛线编织的配色花样袜子也是必不可少的组成部分。很久以前，牧羊便在山谷地带盛行，因此，编织也就成了女性手艺的一种。在小摊前编织的女性身影随处可见。格鲁吉亚是一个

你越了解它，越会对它产生兴趣的国家。

撰稿／中田早苗

上左／13世纪塔玛丽女王（Tamar Bagrationi）参加重要仪式时穿的礼服裙。上中／贵族穿的披风。它们展现了格鲁吉亚和波斯的传统风格。上右／17世纪的民族女装。于格鲁吉亚的电影 *Giorgi Saakadze*（1943年）中出现过。（图片提供：格鲁吉亚驻日大使馆）下／古老的配色花样毛袜。（图片提供：Samoseli Pirveli）

Finland 芬兰

24小时营业的自助毛线店

上／自助毛线店悬挂着"NOVITA"招牌。下／店内的样子。无法想到它是自助毛线店的一角，备货品种丰富。无人售货，请到毛线店的收银台自助结账。

24小时营业的毛线店，但并不是网店。在芬兰有这样的实体店。

在距芬兰首都赫尔辛基一个半小时车程的 Koria（科里亚）的街区，有很多自助商店，其中一家是芬兰市场份额最大的毛线制造商 NOVITA 的商店。这也很容易理解，它的周围是工业区，1935年在赫尔辛基成立的 NOVITA 的工厂也于1974年搬迁到了 Koria。自助毛线店门口悬挂着写着"NOVITA"的大招

牌。另外，入口处自动门旁边的墙壁上装饰着 NOVITA 毛线。店内汇集了目前 NOVITA 出售的全部商品，品类齐全，令粉丝们欲罢不能。

7月中旬去的时候，入口处有福袋。在放置当季商品的架子的最里面存放着过季商品。架子上的货品十分充足。同时，NOVITA 的编织工具也十分齐全。还有 NOVITA 出品的袜子。人台模特身上也穿着用 NOVITA 毛线编织的衣服。

许多顾客是夫妇一起来的。大约是在享受国内自驾游的同时顺便到访的吧。芬兰的夏天没有黑夜，坐在副驾驶座上编织的妻子，是芬兰暑期远途旅行季中独有的风景。

请到毛线店的自助收银台结账。因为是24小时营业，所以我们可以随时去那里购买毛线。

撰稿／兰卡拉·米霍科

在自助毛线店的入口旁边，墙壁上装饰着毛线。满当当的毛线十分可爱。

第17回

野口光的织补缝大改造

织补缝是一种修复衣物的技法，在不断发展、完善中。

野口 光：
创立"hikaru noguchi"品牌的编织设计师。非常喜欢织补缝，还为此专门设计了独特的蘑菇形工具。新书《妙手生花：野口光的神奇衣物织补术》已由河南科学技术出版社引进，即将出版。
http://darning.net

【本期话题】
挑战前卫

织补前

帅气的西服套裙上，
有几个破洞……

✽织补方法在书中公开

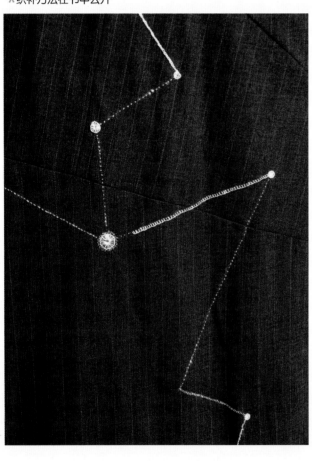

photograph Shigeki Nakashima styling Kuniko Okabe,Yumi Sano
hair&make-up AKI model Sakura Maya Michiki

这是本次使用的织补工具。

　　很多人认为，织补缝适合用在柔软、休闲的衣物上。我想挑战一下将它运用在正式场合穿的衣服上，或者价格昂贵的、有个性的大牌衣服上。

　　这次的织补缝对象是用洗涤后带着独特手感和风情的男士西服面料制成的Comme des Garcons（日本服装品牌）非对称套装，仿佛重新进行了大胆的裁剪、塑形。这套衣服大概有25年的历史了。裙子上的几处虫洞，

经过织补后，变成了夜空中闪烁的星星。精心设计的线条，仿佛是流星长长的尾巴。在设计整体的织补效果时，在大脑中想象着星座的样子。织补时使用麻线，和套装的高级质感很匹配。使用手鼓绣织补的技法来将破洞缝成圆形图案，直线则使用芝麻盐织补术和锁边绣技法。刻意避免了手工特有的柔和之感，采用了冷淡、生硬的线条。

photograph Bunsaku Nakagawa text Hiroko Tagaya

铃置克明

毛线店如同米糠腌菜老店!?

（芳野家毛线店店主）

铃置克明:
位于东京森下站的芳野家毛线店第5代店主。曾就职于建筑公司，留学回日本后继承了创立于1896年的家族毛线店。把编织当作事业，掌握了钩针编织、棒针编织、阿富汗针编织等技法。在接待客人的间隙，见缝插针地动手编织。主要编织店里用的包包和小物件。他喜欢和客人面对面交流，因此没有进行网络销售。他是左利手，编织手法偏紧。

　　东京森下站，推开高桥商业街的一家毛线店的门，在柜台迎接我的是这位男士。他是这家创立于1896年的芳野家毛线店的第5代店主——铃置克明先生。据说这位和父母一起经营毛线店的铃置先生，曾是某大型建筑公司的职员。刚进公司的时候，周围就有不少人认为铃置先生很快就会辞职。

　　铃置先生笑着说道："当时大家都说'像你这样的家伙不应该待在我们公司的啊'。我从年轻的时候起就喜欢冲浪，而公司星期六和星期日也要现场办公，但我却说'必须得去海边'，所以全公司只有我一个人休假了。"

　　铃置先生这种强大的内心真让人佩服。他无视刚入职时周围人对他的不信任，慢慢成长为公司的得力干将。然而，几年后他却大胆地决定辞职。

　　铃置先生笑着说道："当时大家都问我到底怎么回事，居然从这么稳定的公司辞职了。但我却无法忘记在西雅图留学的那半年。为了学习更多东西，我用这些年工作所攒下的积蓄去加拿大温哥华留学了。"

　　据说在加拿大的这段时光，铃置克明先生活成了自己想要的样子。不仅学习英语，还一直在进行喜爱程度不亚于冲浪的滑雪运动。冲浪和滑雪，总是给人很高级、很时尚的感觉。

　　"现在回想起来，我似乎还是很喜欢服装和时尚之类的东西。这围裙和我们店的招牌，都是我设计好了由妈妈缝制的。"铃置先生一边说着，一边向我展示一件很像酒馆老板穿的很时尚的围裙。毛线店招牌上的"芳"字也是铃置先生自己设计的。更令人吃惊的是，门口传统的店幌，居然是铃置先生手绘的。看起来像蓝染布的面料其实是牛仔布，用牛仔布包裹镇石的主意很令人惊叹。挂店幌的钩子是做职业手艺人的发小

店里的样品几乎全是由铃置先生编织的。有时也编织小孩子的帽子。他只用钩针、棒针、阿富汗针来编织小物件。

店内展示着许多令人忍不住啧啧称赞的招牌。店内至今仍保留着1896年创店时的贵重资料。里面还有很多别的宝物，大家一定要来看看。

1/手工艺工具自不必说，拉链、丝带等辅助材料也很充足。　2/展示架上层还有充满年代感的编织工具坐镇。　3/他基本都是站着编织的。铃置先生的编织手劲儿偏紧，他说左手适合编织包包。　4/串珠编织品也是铃置先生制作的。　5/自制围裙的工艺很精湛。　6/摆放机缝线的架子看起来也有年头了。　7/作为店铺象征的牛仔布店幌。　8/我们有幸听到铃置先生和他母亲之间宝贵的谈话。

干脆利落地装上的，这让人感受到了下町（平民居住区）居民之间温暖的人情味。这么棒的芳野家毛线店，实际上铃置先生最开始并无继承它的打算。铃置先生笑着说道："冲浪和单板滑雪也是如此，之所以想去做这些，九成左右的动机是想让自己更受人欢迎。从这点来看，毛线店的工作不具备受人欢迎的要素。只是，从加拿大回来后，我有一段时间没有工作，而母亲则一天24小时都被绑在店里。如果我稍微帮她一下，她就能稍微从店里抽出身了。以此为契机，无意之中走上了店铺的经营之路。"

多么孝顺啊。

铃置先生笑着说道："不是不是，因为至今为止我一直是跟着自己的喜好在做。而且，我是工作式编织。我只在店里编织。因为总是在店里站着编织，回到家里想坐着编织时，怎么也沉不下心。"

店内还挂着"银笛编织机指定教室"和"长筒袜修复"等老铺子特有的广告牌。还有许多让手工艺爱好者兴奋不已的老物件。

"毛线店就像米糠腌菜老店一样。因为经过了三四代人的努力才走到今天，所以一定可以继续走下去。我作为第5代，一点点完善着毛线店，希望可以继续展现它的魅力。现在是一个网络购物便捷的时代，但毛线的质感、颜色，还是只有摸到实物才能真切地感知到，所以还是有很多人愿意在店里买毛线。如果可以在这里备齐一切，并带着在商业街的毛线店所体味到的东西一起回家，我将不胜欣慰。"铃置先生说道。虽然店名叫作毛线店，但从拉链、扣子，到和服裁剪用品，店里什么东西都有。在这个网络时代，这样的个人商店显得尤为珍贵。

爱沙尼亚共和国位于波罗的海三国的北部。这是一个小国家，面积仅约 4.5 万平方公里，却被划分为 100 多个地区，而且每个地区都有各自独特的民族服饰以及与之相关的民族手工艺。爱沙尼亚的民族服饰大多是白色亚麻布的刺绣衬衫搭配条纹花样的羊毛半身裙，但是地区不同，刺绣的种类和条纹花样的颜色及间距都有所差异。

基努岛又叫"红裙岛"，其生活方式和歌唱等文化被收录于联合国教科文组织非物质文化遗产名录中。这里的人们下身穿一种叫作"科尔特"（kört）的红色条纹半身裙，上身搭配花朵图案的衬衫，已婚妇女外加一条花朵图案的围裙，而且头上还会戴上花朵图案的头巾。现如今，在整个爱沙尼亚也只有这个岛上的人们仍然在日常生活中穿着民族服饰。

爱沙尼亚南部塞托地区的民族服饰是袖子部位用红色或深红色线织入几何花样的白色或原白色亚麻衬衫，外加黑色的无袖连衣裙，胸前佩戴的是碗状银饰。

爱沙尼亚中部穆尔吉（Mulgi）地区的民族服饰基本上也是加入了几何刺绣花样的亚麻衬衫和条纹花样的半身裙，最大的特点是外面还会披上一件装饰了红色编绳的黑色羊毛长衫。

利胡拉（Lihula）地区的民族服饰也很有特色，尤其是加入了红色十字绣的白色亚麻衬衫以及绣着花朵图案的红色羊毛半身裙。另外，肩部还会披上一件像斗篷一样、绣着大朵花朵

在塔林，每 5 年举行一次歌舞庆典。这是在活动现场遇见的两位身穿穆胡岛民族服饰的女性朋友。在这里，我们可以看到穿着爱沙尼亚各地区民族服饰的人们。下一次庆典将在 2024 年举行。

世界手工艺纪行 ❸❻（爱沙尼亚共和国）

精巧迷人、怀旧温暖的
穆胡岛刺绣

采访、撰文、摄影／荒田起久子　协助编辑／春日一枝

图案的披肩。

如上所述，每个地区民族服饰的花样和制作技法不尽相同。随着了解深入，仿佛打开了一个深邃宽广的世界，爱沙尼亚堪称一座手工艺宝库。有这样一个活动，可以一次性看尽这些民族服饰。那就是每 5 年举办一次的歌舞庆典（laulu-ja tantsupidu），来自爱沙尼亚全国各地的民众欢聚一堂。对于爱沙尼亚国民来说，这是一个尤为重要的节日盛会。

色彩斑斓、精巧迷人的穆胡岛民族服饰

穆胡岛位于爱沙尼亚的西部，那里的服饰在整个爱沙尼亚也是非常独特的。白色亚麻衬衫上用红色和粉红色线做了十字绣，黄色羊毛半身裙在下摆加入了花朵和草莓图案的穆胡岛刺绣，裙子的外面是一条围裙，在缎面或花朵图案的布料上组合运用了十字绣和蕾丝编织技法。再看脚上穿的，五彩的提花袜是用粉色和橙色等毛线编织的，鞋子在黑色底布上绣了绚烂的花朵图案，整个装扮简直就是一本行走的手工艺全书。如果是已婚妇女，还会在头上戴一顶蛋糕形状的小帽子。虽说如今只在节庆活动或跳舞时才会穿着，但从孩子到老奶奶都是这样的款式风格。

穆胡岛的民族服饰中使用的手工艺与其他地区相比，在技法和设计上都极为多样化。编织方面也会用到棒针和蕾丝编织等技法，设计从绚丽精致到简约淡雅，变化丰富多彩。此外，刺绣方

面也有十字绣和自由绣等穆胡岛刺绣技法，他们将各种各样的手工技艺全部用在了民族服饰上。下面为大家介绍的就是这种充满魅力的穆胡岛刺绣。

与自然息息相关、装点美好生活的穆胡岛刺绣

相当于萨雷马岛门户的穆胡岛是爱沙尼亚国内第三大独立岛屿，人口仅有 1900 人左右。从首都塔林前往穆胡岛，先要坐车约 2 小时，然后直接转渡轮，约 40 分钟即可抵达。这个岛上有着丰富的自然风光，森林茂密，到了夏天便是一片鸟语花香的景象。

穆胡岛野外博物馆就坐落在西北方的科古瓦村。在这里，我们可以看到穆胡岛上人们过去的居住情况和生活方式、民族服饰、手工编织的手套和袜子，以及绣着鲜艳花朵图案的各种毯子等。令人意外的是，与自然息息相关、装点美好生活的穆胡岛刺绣只有短短 100 年左右的历史。以前大多是十字绣和机绣，不过现在主要使用自由绣技法描绘图案。穆胡岛刺绣的特点在于用色彩鲜艳的羊毛线在羊毛面料上刺绣。

这是一条民族风半身裙，下摆处加入了穆胡岛刺绣。刺绣部分底布的颜色要根据裙子的提花颜色来确定。

A／戴在头上的民族小帽"塔努"(tanu)，是已婚的象征。 B／以前的穆胡岛民族服饰。上面是加入了十字绣的亚麻衬衫和刺绣背心。下面露出一点的橙色半身裙是第二次世界大战以前的民族服饰。 C／用五彩的颜色和花样手工编织的袜子。因为爱沙尼亚非常寒冷，无论哪个地区的服饰中都少不了手工编织的手套和袜子。 D／穆胡岛野外博物馆内的民族服饰展厅。里面陈列着许多毯子和民族服饰。还记得第一次参观这个展厅时，一个绚丽迷人的世界跃入眼帘，瞬间怦然心动，激动不已。那时的感觉至今难忘。 E／大约在1930年制作的穆胡岛刺绣毯，有着与现代作品截然不同的质朴感。

刺绣图案中有很多是岛上随处可见的花草，如矢车菊（爱沙尼亚国花）、虞美人、木春菊、风铃草、荷苞牡丹、苹果花，以及草莓等。另外，还有以"穆胡玫瑰"为原型设计的独特花样。在以前的十字绣等花样中，小鸟图案用得比较多，而在以自由绣为主的穆胡岛刺绣花样中却很少出现动物图案。不过，也有一些艺术家将小鸟、兔子、小猫等动物图案与花草图案组合起来进行刺绣。

刺绣作品主要是毯子，民族服饰中的裙子、帽子和鞋子等。大部分毯子和鞋子都是在黑色布上刺绣，而民族服饰中的半身裙往往需要根据裙子织纹的颜色选择蓝色或深红色等对应颜色的底布进行刺绣。

在羊毛面料上描图时要使用修正笔，据说过去描图时用的是牙粉。穆胡岛刺绣最大的特点在于刺绣的针法。爱沙尼亚语中叫作"希德彼斯特"（Sidepiste）的针法与日本的钉线绣有着异曲同工之妙。Side的意思是连接，piste的意思是针法。这种针法据

穆胡岛刺绣艺术家希尔耶女士。这是第一次拜访她的工作室时，她向我展示的一件尚未完成的毯子。我对她创作的精美刺绣一见钟情，并在2017年拜她为师。从那以后，我每年都会去穆胡岛一至两次，拜访她的工作室，努力提高自己的穆胡岛刺绣技艺。

说只有穆胡岛上的人们才会使用，其起源可以追溯到20世纪60年代。当时一家叫作UKU、生产销售爱沙尼亚民族手工艺品的国营公司刚刚成立。从过去的毯子等作品中可以看出，大部分使用的是缎面绣和长短针绣。现在使用希德彼斯特针法刺绣的作品与以前相比，立体感更强，也更具保暖性。

以希德彼斯特针法为主，不同的艺术家也会结合自身特点使用不同的针法。刺绣线主要是羊毛线，但是从20世纪90年代开始，腈纶线的使用也越来越多。使用腈纶线刺绣可以呈现出更加鲜艳的色调，还有防虫蛀的优点。但是，也有一些艺术家仍然坚持只用羊毛线刺绣。

穆胡岛刺绣在主色调和阴影中使用大量的颜色，作品非常写实。即使是相同的图案，不同的人刺绣的效果也大相径庭，每件作品都彰显出鲜明的个性，一看就知道出自谁手。

穆胡岛刺绣艺术家：希尔耶·图尔（Sirje Tüür）

在穆胡岛，以刺绣为生的人寥寥无几。其中，作为穆胡岛刺绣艺术家闻名的希尔耶·图尔女士在科古瓦村的村口经营着一家工作室。

穆胡岛刺绣

穆胡岛刺绣使用的颜色越多，作品往往更加写实精美。她的作品就非常符合这样的评价，可以说是穆胡岛刺绣的代表。

希尔耶女士出生于塔林，1978年她正好18岁，为了创作科古瓦村的绘画和朋友去了穆胡岛游玩。在那里，她遇见了现在的丈夫，结婚后便开始居住在穆胡岛。她是结婚后才开始学习穆胡岛刺绣的，2004年成立了自己的工作室。她每天坚持刺绣，不管到了几岁都对刺绣满怀热情。又在2015年进入皮革学校学习了2年。随后，她创作出了皮革和刺绣元素相融合的设计，不断追求作品的创新。在工作室里，我们可以欣赏到她亲手刺绣的各种毯子，也可以直接购买鞋子、抱枕和其他小物件等，作品上面精美的穆胡岛刺绣也都是她亲手创作的。

希尔耶女士经常说，不要只顾埋头刺绣，而是要以布为纸、以针为笔，就像画画一样进行刺绣。有幸成为她学徒的我在刺绣时常常想起这些话。当我问到今后有什么梦想时，她回答说："每天刺绣就是我的梦想。这样的人生和生活方式就是我的梦想。"对我来说，希尔耶女士是一位值得尊敬的女性，她带给我们的不仅仅是刺绣，更为我们的人生增添了色彩。

穆胡岛手工艺协会Oad ja Eed

穆胡岛手工艺协会Oad ja Eed位于穆胡岛中心的利瓦镇。

1996年由6位女性创立，现在成员已经发展到了20人。其中，有一些人本身就是手工艺术家，也有一些人的本职工作是教师或医生，因为喜欢手工而加入了协会。在宽阔的广场前面有一家销售会员作品的商店，后面的建筑物里还设有手工坊。到了夏天，观光旅游团的游客们还可以在这些手工坊里体验穆胡岛刺绣的讲习课程。

右／在工作室的花坛中绽放的虞美人。庭院中盛开的花朵都有可能成为刺绣的图案。左／虞美人、木春菊、矢车菊，希尔耶女士的作品上绣的是穆胡岛刺绣的代表性图案。

F

G　　　H

I

F／爱沙尼亚国花矢车菊是穆胡岛刺绣的代表性图案。　G／穆胡岛刺绣的代表性针法"希德彼斯特"。布面上的图案是用修正笔描画的。　H／希尔耶女士的作品。使用丰富的颜色，像画作一般的刺绣作品。　I／装饰在穆胡岛手工艺协会的手工坊中的挂毯，组合了穆胡岛刺绣和拼布两种手工技艺。　J／装饰在工作室内的希尔耶女士的作品。真是一件精美绝伦的毯子。

J

荒田起久子（Kikuko Arata）

服装（含婚纱）设计师。2017年曾在爱沙尼亚各地留学，体验并学习各种民族手工艺。为了学习其中最让人刻骨铭心的穆胡岛刺绣，拜穆胡岛刺绣艺术家希尔耶·图尔为师。回日本后，作为日本首位穆胡岛刺绣艺术家开始创作活动，并成立了经营波罗的海三国百货的网店"chikuchikubaltsha"。
http://www.chikuchikubaltsha.com

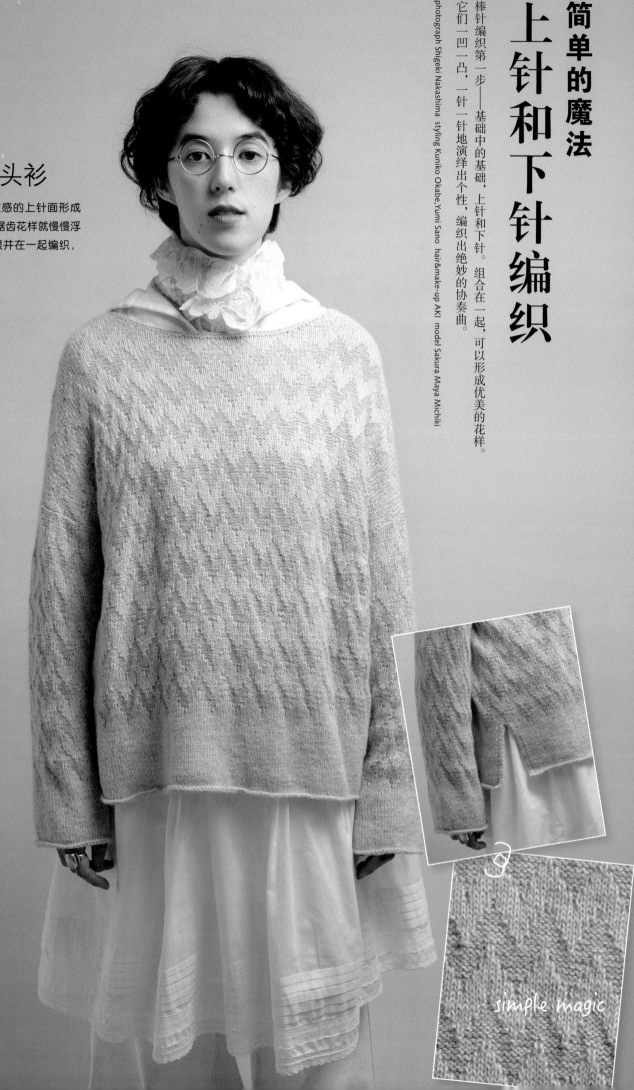

上针和下针编织

棒针编织第一步——基础中的基础，上针和下针。它们一凹一凸，一针一针地演绎出个性，编织出绝妙的协奏曲。组合在一起，可以形成优美的花样。

photograph Shigeki Nakashima styling Kuniko Okabe,Yumi Sano hair&make-up AKI model Sakura Maya Michiki

锯齿花样套头衫

光滑的下针面和带着颗粒感的上针面形成鲜明对比。交错着编织，锯齿花样就慢慢浮现。两种高级线材各取1根并在一起编织，轻柔的质感特别棒。

设计／风工房
编织方法／98页
使用线／手织屋

simple magic

simple magic

V领短款开衫

短款的开襟毛衣充满了传统的根西风情。在下针和单桂花针编织的竖条纹之间，上针花样仿佛牵线搭桥一般左右穿梭，一针一针呈锯齿状迈着轻快步伐。

设计/野口智子
制作/池上 舞
编织方法/99页
使用线/手织屋

素色落肩袖开衫

交错着编织上针和下针，形成虽然简单却也别有一番风味的桂花针。用雅致的颜色编织有存在感的织片，这样的毛衣无论在什么场合都可以穿着。略显厚的袖子，用整齐的下针编织调和，给人干脆、清爽的感觉。

设计 / SAQULAI.inc Sai Chika
制作 / 野波留美子
编织方法 /101 页
使用线 / 毛线 Pierrot

simple magic

simple magic

双色休闲毛衣

这是一件宽松、轻柔的毛衣，在下针编织的织片上，整齐地排列着许多上针编织的水珠。雅致的双色编织，这也是一款适合大人穿的休闲毛衣。身片和袖子上的水珠花样大小不同，这也是设计的亮点。

设计 / 笠间 绫
编织方法 /100 页
使用线 / 毛线 Pierrot

simple magic

蝙蝠衫式外搭

梯形花样的前、后身片是等针直编的，甜
甜圈花样的衣领也只需挑针后等针直编。
给自己编织外套时，相比于设计感和功能
性，编织过程是否轻松愉快更为重要。

设计/岸 睦子
制作/志村真子
编织方法/102页
使用线/奥林巴斯

传统花样的套头毛衣

根西花样是上针和下针花样的代表。既可用细线不慌不忙地编织，也可以用身片针数在100针以内的粗线快速编织。这样就可以切实享受到轻松编织传统花样的乐趣。

设计／河合真弓
制作／松本良子
编织方法／103页
使用线／奥林巴斯

simple magic

圣诞快乐

这一年就要过去了。时光飞逝,不知不觉中,街头被装点得很漂亮,充满了节日的欢乐气息。
用红色、绿色和白色,把家里装点一番,快乐地度过圣诞节吧。

photograph Toshikatsu Watanabe styling Terumi Inoue

挂毯

圣诞树的背景是一片白雪。圣诞树
主体用配色花样编织,上面的装饰
先单独编织好再缝上去。挂毯保存
起来不占地方,这也是优点之一。

设计/松本薰
编织方法/104页
使用线/和麻纳卡

圣诞老人和雪人

这两个重要角色是圣诞节必不可少的。圣诞老人和雪人可以烘托圣诞节的气氛。它们的造型圆滚滚的，很可爱。

设计/松本薫
编织方法/104页
使用线/和麻纳卡

圣诞老人和雪人的编织方法相同，只是配色和小装饰不一样，就成了不同的角色。制作装饰时，先制作最上面的伯利恒之星，然后编织经典的雪花和圣诞球。像小兔子尾巴一样的绒球和蝴蝶结，也可以直接在市面上购买成品，这样会更有效率，装饰起来更漂亮。

我们结合室外、室内等不同的场合来推荐适合冬季的毛线。

photograph Hironori Handa styling Masayo Akutsu hair&make-up Hitoshi Sakaguchi model Asya

长谷川商店
SEIKA

马海毛60%　真丝40%　色数/40　规格/每团25g
线长/约300米　线的粗细/极细　推荐棒针号数/1~3号

这款毛线的颜色种类丰富，带着真丝的优雅光泽。同时，含有大量马海毛，非常轻柔。如果是编织毛衣，可以取2根编织。

围脖

使用棒针编织稍加变化的圈圈针，充满毛茸茸、蓬松松的感觉。改变纽扣的扣法，就可以换一种方法佩戴。

设计/一色 奏
编织方法/108页
使用线/ Lana Gatto

邮编：111-0053
地址：日本东京都台东区浅草桥3-5-4 1F
电话：03-5809-2018
传真：03-5809-2632
电子邮箱：info@keito-shop.com
营业时间：10:00~18:00
休息日：星期一（星期一为节假日时，则次日休息）

Lana Gatto
Alpaca Superfine

羊驼毛93% 锦纶7% 色数/11 规格/每团50g 线长/约70米 线的粗细/极粗 推荐棒针号数/7~10mm

这是一款带子纱，主要成分是羊驼毛，饱含空气，非常柔软、暖和。这款线很适合不擅长用起毛的羊毛线编织的人。

迷你斗篷

为了便于手臂活动，肩膀两边稍微设计得短了一些。非常轻柔、暖和，披在肩上也没有明显的负重感。这是非常实用的小斗篷。

设计/石塚真理
编织方法/107页
使用线/Lana Gatto，长谷川商店

Keito 的网上商城重新开张啦！

最近，在 Keito 毛线店，经常听到诸如"在家里闲着无聊就开始了编织"之类的声音。编织人数又涨了，这真是一件可喜可贺的事情。这次，我们使用了蓬松、柔软的带子纱 Alpaca Superfine，分别设计了"轻松出门"和"室内佩戴"的款式。用2根马海毛线编织的蓬松圈圈针围脖，很有特色，适合在外出时佩戴。迷你斗篷是用粗针编织的，织片柔软，可以很好地给肩部保暖。

这两个物件也很适合送给远在他方、久未谋面的亲友，或者经常承蒙其关照的身边人。想象着她们戴着的样子，自然而然地一针针编织下去。

想换别的配色进行编织的朋友，记得来 Keito 的网上商城挑选喜欢的毛线哟。

如霞似锦的外套

这款作品使用了羊毛、真丝、马海毛材质的混合线，正如它的线名一样，颜色很容易让人想起晚霞似锦的天空。用简单的下针编织，更能彰显色彩变化之美。在流苏和腰带的装点之下，这款无领外套看起来颇具匠心。

设计／玉村利惠子
编织方法／112页
使用线／野吕英作

野吕英作
混合色彩的诱惑

用充满魅惑感的渐变色毛线，编织新鲜的色彩魔法，
请尽情享受与未知色彩相遇的喜悦。

photograph Shigeki Nakashima styling Kuniko Okabe,Yumi Sano hair&make-up Hitoshi Sakaguchi model Ruby Tuesday

如梦如幻炫彩开衫

前后身片连在一起编织，每个织块交替使
用不同的线团，用纵向渡线编织配色花样
的方法，编织出饶有趣味的色彩协奏曲。
交错着编织上针和下针，在渐变色的衬托
下，简单的花样似乎具有了神奇的魔法，
充分发挥出了它的威力。

设计/柴田 淳
编织方法/109页
使用线/野吕英作

冬天的时尚编织

穿着毛线编织的衣物出门，不会让人觉得很有距离感，而且也很时尚。
普通的衣服上设计了一些很讨喜的细节，有不同的款式可供选择哟。

photograph Hironori Handa styling Masayo Akutsu hair&make-up Hitoshi Sakaguchi model Asya

优雅时尚的套裙

钩针编织带着手工特有的魅力，可以织出机械编织无法实现的、独一无二的特色。这款很有女人味的套裙，有着恰到好处的镂空效果，衣领、下摆、袖口的装饰也很雅致，别具一格，可以让我们充分体验到手工编织特有的乐趣。

设计 / 大田真子
制作 / 须藤晃代
编织方法 / 117页
使用线 / 钻石线

连衣裙风格的
时尚背心

连衣裙风格的长款背心，只需要套穿在日常服饰的外面，就立即给人一种时尚感。保暖效果不错，而且还可以巧妙地遮肉，视觉上显瘦，可谓一箭双雕。

设计/兵头良之子
制作/山田加奈子
编织方法/125页
使用线/钻石线

阿富汗针编织
的套裙

使用阿富汗针编织这款套裙，神奇的
编织花样使织片看起来像布料。外
套使用了横向的条纹花样，与半身裙
上的纵向条纹花样形成对比，让同样
的花样焕发出不同的美感，给人不一
样的感觉。

设计／冈本真希子
编织方法／127页
使用线／钻石线

短款小外套

主体用2根柔软的安哥拉毛线编织，
起到点缀作用的部件则使用匠心线
编织。衣袖用2根不同颜色的安哥拉
毛线编织，整体给人的感觉很有女
人味。

设计 / 森 静代
编织方法 / 122页
使用线 / 钻石线

蕾丝花样圆领开衫

一穿上这款开衫，大大的蕾丝花样宛如闪耀的首饰散发迷人光彩。用自己最喜欢的配色编织吧！再缝上手编的纽扣，别有一番手工制作的雅趣。

设计 / 冈真理子
制作 / Futaba Onishi
编织方法 / 131页
使用线 / 内藤商事

镂空花样开衫

整件开衫都布满了花样，镂空花样的
虚实变化和3卷绕线编的组合十分优
雅。由于前、后身片是一起编织的，
所以胁部的花样也呈连续状态。缝合
简单轻松，平整美观，穿起来也非常
舒适惬意。

设计 / 冈本启子
制作 / 宫本宽子
编织方法 / 137页
使用线 / 内藤商事

冬日手编小礼物

临近年末，节日接踵而来，想要为谁编织的心情也越发强烈。
这里收集了几款小物，可以快速编织完成，而且绝对送得出手。
亲手编织的礼物最能让人暖到心底。

photograph Toshikatsu Watanabe styling Terumi Inoue

配色花样手提包和
化妆包

漂亮的颜色令人赏心悦目，柔软暖和的手
感让人内心平和。这种小团装的绳绒线颜
色也很丰富，编织日用包袋时搭配颜色也
很方便。用新颖别致的配色编织成套的作
品也一定非常有趣。

设计 / Little Lion
编织方法 / 135页
使用线 / DMC

迷你盖毯和恐龙
午睡枕

雪尼尔绒线松软的触感真是太棒了！恐龙形状的午睡枕搭配一条迷你盖毯，无论送给小朋友还是大人，都会让人爱不释手的。

设计／冈真理子
编织方法／144页
使用线／DMC

41

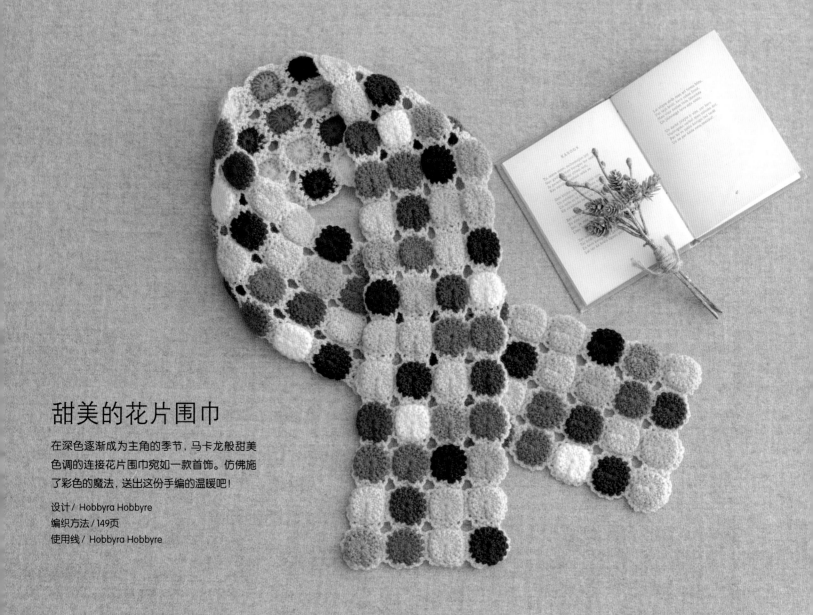

甜美的花片围巾

在深色逐渐成为主角的季节，马卡龙般甜美色调的连接花片围巾宛如一款首饰。仿佛施了彩色的魔法，送出这份手编的温暖吧！

设计 / Hobbyra Hobbyre
编织方法 / 149页
使用线 / Hobbyra Hobbyre

小猫咪水杯套

若是喜欢小动物花样，就一定会爱上这两款水杯套的。连后背也非常可爱的小猫咪们将在各种场合守护收到这份礼物的人，就像趴在窗边时刻保持警戒的小卫士。

设计 / Hobbyra Hobbyre
编织方法 / 146页
使用线 / Hobbyra Hobbyre

Made in Finland　芬兰的纱线纺织厂

撰文 / Mihoko Lankala

店铺的样子。陈列着很多工厂自己生产的毛线以及编织样品。

1 / Pirtin Kehräämö指示牌后面的建筑物就是厂房，右边是店铺。2 / 放在前面的是从英国送回来的羊毛。后面是生产粗纺纱线的机器。3 / 段染线也是色彩纷呈。架子上还放着大团的粗纺（无捻）纱线。4 / 准备送往英国进行清洗的羊毛。

米凯利市距离芬兰的首都赫尔辛基市有230千米，从米凯利市区驱车15分钟左右就可以看到一座传统的芬兰建筑物，那就是Pirtin Kehräämö纺织厂。

这家纺织厂创建于1949年，已有70余年的纺纱历史。建筑物本身建于1877年，曾经用作仓库。建厂初期将这里改成了厂房，不过现在则是后面新建了厂房的直销店。店内非常宽敞，怪不得过去还能放下纺织机器。如今，我们可以从这里买到新鲜出炉的毛线。比如，2ply（2股合捻）及3ply的毛线、无捻纱线、袜子线、同样适用于Nålbindning编织（译者注：北欧一种传统的编织技法，使用类似手缝针一样的工具进行编织）的Z捻毛线……各种类型的毛线应有尽有。

从公司成立开始，用于纺织的原毛仅限于芬兰羊毛，毛线标签上的FINNWOOL绵羊商标就说明了这一点。除此之外，为了响应客户的需求，公司现在也生产羊毛与狗毛、羊驼绒、马海毛以及真丝等的混纺线材。

不光是剪羊毛的春秋两季，纺织厂的纺织机器一年到头马不停蹄地运转着。实际上，芬兰的纺织厂数量比以前减少了很多，所有纺织厂都忙得不可开交。

我7月中旬拜访这里时，除了从牧场收购回来的羊毛，仓库里还堆积着牧场想要自行销售而送过来清洗和纺织的大量原毛。据说，从羊身上剪下的原毛来不及清洗时，会将一部分原毛按颜色分类后送到英国去清洗。去除污渍清洗干净的原毛又会被送回到工厂，然后经过各种工序进行纺织。因为纺好的纱线有可能会沾上机油等，最后还需要清洗和晾干。

即使直销店货架上的毛线售罄，询问一下店员，说不定就会取来刚生产出来的半干半湿的毛线，并叮嘱你："回到家后请马上晾干呀！"恐怕也只有纺织厂的直销店才会如此吧。

听说纺织厂也非常欢迎人们参观学习。如果有机会，请一定要去游览一番。

「秋冬毛线新品推荐」

今年冬天要为大家推荐的毛线还有很多很多！
触感、轻柔度、编织手感、颜色……请从各种角度考量,选择自己喜欢的毛线吧。

photograph Toshikatsu Watanabe styling Terumi Inoue

Nuage
Pierrot Yarns ♪

这款偏粗的中粗毛线含有充足的超细美利奴羊毛成分,可以使人最大限度地感受到较强的弹性和软糯的质感。松软顺滑的线质非常轻柔,编织起来也很顺畅。

参数

羊毛(超细美利奴羊毛)98%、羊绒2% 颜色数／13 规格／每团40g 线长／约70m 线的粗细／中粗 适用针号／7~9号棒针, 6/0~8/0号钩针

设计师的声音

粗细适中,容易编织,质感柔软细腻。顺滑的编织体验让人感觉很上档次。手感很好,作品穿起来感觉也很舒适。(SAQULAI.inc＜樱衣株式会社＞编织设计师 Sai Chika)

PUNO
Pierrot Yarns ♪

在细腻的空心带子纱中,羊驼绒和超细美利奴羊毛呈起毛状态。与普通的捻合加工方法相比,看上去更加柔和雅致。这款优质线材由珍贵的幼羊驼绒与超细美利奴羊毛及锦纶混纺而成。

参数

幼羊驼绒68%、锦纶22%、羊毛(超细美利奴羊毛)10% 颜色数／9 规格／每团50g 线长／约110m 线的粗细／极粗至超级粗 适用针号／15号~8mm棒针, 8/0号~7mm钩针

设计师的声音

虽然是一款松软的空心带子纱,但是编织后呈现出凹凸不平的针目,十分漂亮。编织时也很顺畅,又因为是粗线,编织进度非常快。(笠间 绫)

Indiecita DK
内藤商事

这款含100%幼羊驼绒的高级线材有着顺滑松软的手感。色调雅致，颜色丰富。从衣物到小物件，应用非常广泛。

参数
幼羊驼绒100% 颜色数／15 规格／每团50g 线长／约112m 线的粗细／中粗 适用针号／5~7号棒针，4/0~6/0号钩针

设计师的声音
幼羊驼绒线材特有的顺滑手感令人心情愉悦。高级的质感加上雅致丰富的颜色，用来编织成人的优雅服饰再合适不过了。(冈真理子)

Baby Love
内藤商事

这是一款平直毛线，特点是具有较强的韧性。色泽漂亮，颜色丰富，可以享受各种配色的乐趣。也非常适合编织家居小物。

参数
莫代尔纤维(人造丝)55%、腈纶45% 颜色数／29 规格／每团50g 线长／约115m 线的粗细／中粗 适用针号／6~7号棒针，5/0号钩针

设计师的声音
用这款线材编织的效果就像割绒毛巾一样。细腻柔软有韧性，手感也非常舒服。还可以漂亮地呈现出编织花样。(yohnKa)

Révélation Glitter
DMC

这是一款加入了银色丝线的混色线。可以一边编织一边感受丰富的色彩变化。适合编织围巾等小物件。

参数

腈纶78%、羊毛19%、涤纶3% 颜色数／8 规格／每团150g 线长／约520m 线的粗细／中粗 适用针号／6~7号棒针，7/0号钩针

设计师的声音

这款腈纶混纺线材非常轻柔，也比较蓬松。编织过程中不知道接下来会变成什么颜色，不禁让人充满期待，跃跃欲试。除了结实和方便清洗的特点之外，银色丝线的闪烁光泽最适合节日编织了。无论是棒针编织还是钩针编织，这款线材都是不错的选择。（奥住玲子）

Happy Chenille
DMC

DMC 的 Happy 系列可以放在手掌的小巧尺寸非常讨人喜欢，现在又迎来了新成员 Chenille（雪尼尔绳绒线）。这款线材有着天鹅绒般柔滑的触感和丰富的颜色，不妨用来编织玩偶、毛毯等各种作品。

参数

涤纶100% 颜色数／25 规格／每团15g 线长／约38m 线的粗细／中粗 适用针号／3~4号棒针，5/0~6/0号钩针

设计师的声音

颜色丰富齐全，无论哪种颜色都很漂亮。手感非常舒服，松软可爱。不过需要注意的是，反复编织会出现掉毛现象。因为是小团装，用来编织多彩的配色作品再合适不过了。（Little Lion）

Primeur
奥林巴斯

这是加入了再生胶原蛋白纤维的羊毛线。兼具优质美利奴羊毛的保暖性和胶原蛋白纤维的柔软性，这款平直毛线的触感非常舒服。

参数
羊毛（美利奴羊毛）97%、半合成纤维（再生胶原蛋白纤维）3%　颜色数／8　规格／每团40g　线长／约112m　线的粗细／中粗　适用针号／6~8号棒针，6/0~7/0号钩针

设计师的声音
这款线很容易编织，有光泽，加上恰到好处的韧性，即使是基础花样也很漂亮。在"上针和下针编织"的作品中就有不凡的表现。（岸 睦子）

Tree House Lieto
奥林巴斯

这是 Tree House 系列的新款线材，即使简单的花样也能编织出丰富的色彩变化。以基础纯色线为主，加以别有意趣的短距离五彩段染线捻合而成，这款线非常适合为家人编织。

参数
羊毛（美利奴羊毛）100%　颜色数／8　规格／每团40g　线长／约111m　线的粗细／中粗　适用针号／7~9号棒针，6/0~7/0号钩针

设计师的声音
即使简单的下针编织也能表现出五彩的段染纹理，编织麻花针也可以清晰地浮现出花样。这款精美的线材很容易编织，编织过程中充满乐趣。（大田真子）

Yugure
野吕英作

虽然是多色段染,整体颜色却很协调雅致。羊毛、真丝、马海毛分别染出了不同的效果,编织完成的作品具有很强的立体感。

参数

羊毛40%、真丝30%、马海毛30% 颜色数 / 6 规格 / 每团约100g 线长 / 270m 线的粗细 / 粗 适用针号 / 6~8号棒针

设计师的声音

颜色的过渡特别漂亮,无论从哪里开始在哪里结束都毫无违和感。线材本身轻滑松软,一针一针可以编织得非常精美。由于粗细略有变化,所以简单的花样也能呈现出丰富的纹理效果。这是一款手感顺软、容易编织的线材。(玉村利惠子)

雅(Miyabi)
野吕英作

这是羊毛和羊绒的混纺线。为了更好地感受绒本身的柔软性和保暖性,没有经过任何染色工。由于纤维的损伤较少,手感顺滑,夹杂其的天然白色增添了高级雅致的韵味。

参数

羊毛65%、羊绒35% 颜色数 / 5 规格 / 每桃100g 线长 / 250m 线的粗细 / 粗 适用针号 / 6号棒针

设计师的声音

线材的粗细非常适合编织,颜色的变化也恰到好编织起来特别顺畅,作品也很轻暖柔软。不妨试这款线材编织衣物。(柴田 淳)

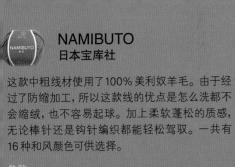

NAMIBUTO
日本宝库社

这款中粗线材使用了100%美利奴羊毛。由于经过了防缩加工，所以这款线的优点是怎么洗都不会缩绒，也不容易起球。加上柔软蓬松的质感，无论棒针还是钩针编织都能轻松驾驭。一共有16种和风颜色可供选择。

参数
羊毛(美利奴羊毛)100% 颜色数／16 规格／每团40g 线长／约100m 线的粗细／中粗 适用针号／6~7号棒针，5/0~6/0号钩针

设计师的声音
线的粗细很适合编织，简洁明净的色调是一大特点。还有一种软糯温润的厚重感。(风工房)

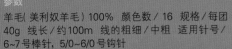

MOHAIR
日本宝库社

这款线使用了马海毛中最为细腻柔软的幼马海毛。可以用1根线编织，用2根线或者与中粗毛线合并编织也是不错的选择。

参数
马海毛(幼马海毛)66%、锦纶22%、羊毛12% 颜色数／12 规格／每团20g 线长／约180m 线的粗细／极细 适用针号／4~5号棒针，3/0号钩针

设计师的声音
我从线团内、外拉出2根线合并编织，发现丝毫没有缠绕打结的现象，可以顺利地拉出线，编织起来也非常方便。从小物到大件作品，百搭的颜色让人不由得陶醉在配色中。(宇野千寻)

我家的狗狗最棒！

和狗狗在一起

photograph Bunsaku Nakagawa

34

莫非已经习惯拍照了？

虽然是同款，但稍有变化。

和狗狗在一起

大的是小慈（狗妈妈），小的是小七（狗宝宝）。这两只狗狗是母女。虽说是贵宾犬，但体型稍大一些。它们的主人由美女士在2014年遇见了小慈。它很沉稳，也有些淘气，在家里很黏人。不过，有时候叫它，它却装作没听到，对你爱理不睬的，有些猫的特质。另外，小慈5岁的时候，相亲结识了一位"男伴"生下了女儿小七。虽说由美女士想让小慈在家里分娩，结果在预产期当天下午小慈突然羊水破了，无法用力，坐着不动了。由美女士赶紧给医院打了急救电话，送小慈去做了紧急手术。手术结束后，妈妈小慈安详地睡着，女儿小七一个劲儿地吸吮着乳汁，整个画面令人动容。这次经历分外珍贵，让由美女士十分感动：好棒的母女啊！现在回想起来，她依旧会忍不住落泪。

因为喊起来很开心，所以由美女士给小慈的女儿起了小七这个名字。小七现在完全开启了独生女模式。无论什么东西，好像都是自己的，有些时候还骑在妈妈小慈身上，甚至还啃妈妈的耳朵。小慈总是顺着它一起玩，并没有对它的行为发火。果然，为母之后，连脾性都会变化。总之，似乎这一对母女正在用由美女士所不知道的某种语言愉快地交流着。

设计/岸 睦子
编织方法/150页
使用线/芭贝

简介

狗狗　　小慈（狗妈妈）♀6岁
　　　　小七（狗宝宝）♀1岁
　　　　贵宾犬
主人　　由美女士

四种尺码的毛衫编织

冬天的白色总是勾人心魂。

编织一件如同皑皑白雪一般的套头衫吧。

从领口向下编织的
装饰袖毛衣

　　这里介绍的是从领口向下编织的套头毛衣。因为是从领口开始编织的，所以可以按照自己实际的袖长和衣长编织，这点很方便。从领口开始向下编织通常不用剪线，但这次我们使用的是先编织肩线处的花样然后往返挑针的技法，略显复杂一点。图片看起来有些麻烦，但随着进展，衣服逐渐成形，让人越来越体味到其中的乐趣。编织花样从肩部延伸到衣袖，看起来像普通袖子的加针。事先编织和肩线花样一致的口袋，在编织下摆的罗纹针时，一起挑针。这样的话，就不会错位，很容易缝上。

　　因为使用了柔软的高级线材，所以它比想象中要轻。但是，如果将蓬松的线编紧了，针目就会挤在一起。注意调整棒针的号数，不要编织得过于紧密。

从领口向下编织的
装饰袖毛衣

作品使用的是中空结构的带子纱。饱含空气，非常轻柔。因为含有羊驼毛成分，手感优良，穿着特别舒服。看起来很简单，其实在编织针法上有很多独具匠心的设计，所以它是一件充满小心思的毛衣。看图片的时候，可能会有些不知所措。仔细看着编织方法图，按照顺序一步步编织，就很容易理解了。请大家尽情享受这件不同寻常的毛衫的编织乐趣吧。

制作 / 饭岛裕子
编织方法 / 113页
使用线 / Rich More

衣领至育克
通过衣领和育克来调节尺码，衣袖和身片的行数是一样的

肩
肩线花样的行数不一样，通过挑针数来调节。穿的时候会拉伸，所以宽度不用调节

衣长、袖长
如果想织得更长，育克不用动，用衣袖和身片来调节

衣袖
通过肩宽来调节，袖长全尺码相同，只改变了宽度

S号
M号（52页图）
L号
XL号

口袋
口袋位置以胁部的加针为基准，尺码增大，距离胁线要变远

michiyo

做过服装、编织的设计工作，1998年开始作为编织作家活跃。作品风格稳重、简洁，设计独特，颇具人气。著书多部。

53

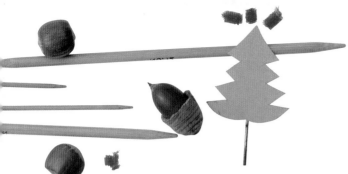

Let's Knit in English!
西村知子的英语编织
多多益善、百织不厌的披肩

photograph Toshikatsu Watanabe styling Terumi Inoue

说起编织的披肩，往往给人一种怀旧的感觉，充满了昭和时期（1926—1989年）的年代感。不过，现在很多国家的人气设计师的披肩作品都非常时尚，不仅色彩丰富，而且形状各异。编织其他国家设计师作品的朋友也越来越多。

披肩是一年四季都可以佩戴的实用单品。看到喜欢的披肩，总是忍不住想根据季节使用不同的线材或颜色编织一件。

这里将为大家介绍英文图解中常见的用于披肩编织起点的"Garter Stitch Tab"。也许不少朋友对此已经有所了解。编织的要领是先用起伏针编织一条细长的织片（tab），接着从3条边上挑针，然后逐渐加针放大。针数与行数因作品而异，这里仅以缩微版披肩为例，讲解编织的思路和要点供大家参考。

A

Garter Stitch Tab

CO 3 sts. Knit 7 rows.

After working the last row, do not turn work, but pick up and knit 3 sts down the left side of the fabric (one stitch in each garter ridge), and then pick up and knit 3 sts from CO edge (one stitch in each CO stitch) – 9 sts.

Next row (WS): K3, pm, p1, pm, p1 (center stitch), pm, p1, pm, k3.

Row 1 (RS) (inc row): K3, sl m, yo, knit to m, yo, sl m, k1, sl m, yo, knit to m, yo, sl m, k3

Row 2 (WS): K3, sl m, purl to last m, sl m, k3.

Repeat rows 1 + 2.

从 "起伏针长条" 开始编织披肩

起3针。（※1）

编织7行下针。（※2）

编织最后一行后，不要翻转织物。从织物的左端挑取3针（依次从起伏针隆起的1个线圈里挑出1针）。（※3）

接着从起针侧也挑取3针（依次从每个起针针目里挑出1针）。至此，棒针上一共有9针。

下一行（WS）：K3，pm，p1，pm，p1（中心的针目），pm，p1，pm，k3。

Row 1（RS）（加针的行）：K3，sl m，yo，编织下针至m，yo，sl m，k1，sl m，yo，编织下针至m，yo，sl m，k3。

Row 2（WS）：K3，sl m，编织上针至最后一个m，sl m，k3。

重复 Row 1和 Row 2。

※1：如无特别指定可用另线锁针起针，作品会更加美观。

※2：编织成起伏针。

※3：从起伏针的边端挑针时，按照挑针数，先在边上隆起的线圈里插入左棒针，再按 "编织下针" 的要领挑针会更加方便。

Garter Stitch Tab（起伏针长条）的前提是在边上编织起伏针。也可以在两端用i-cord编织代替起伏针，此时就要从i-cord起针开始编织。不过，编织的思路还是一样的。

首先，编织i-cord。

编织用语缩写一览表

缩写	完整的编织用语	中文翻译
CO	cast on	起针
RS	right side	（织物的）正面
WS	wrong side	（织物的）反面
st(s)	stitch(es)	针目
inc	increase	加针
k	knit	下针，下针编织
p	purl	上针，上针编织
pm	place marker	放入记号扣
sl m	slip marker	移过记号扣（从左棒针移至右棒针上）
yo	yarn over	挂针
wyib	with yarn in back	将线放在织物的后面
wyif	with yarn in front	将线放在织物的前面

B

CO 3 sts. Knit 3, do not turn.

*Slip the 3 sts back to left hand needle and k3. Repeat from * four more times.

After working the last row, do not turn work, but pick up and knit 3 sts down the left side and then pick up and knit 3 sts from CO edge – 9 sts.

Next row (WS): Slip 3 sts wyif, pm, p1, pm, p1 (center stitch), pm, p1, pm, p3.

Row 1 (RS) (inc row): Slip 3 sts wyib, sl m, yo, knit to m, yo, sl m, k1, sl m, yo, knit to m, yo, sl m, k3

Row 2 (WS): Slip 3 sts wyif, sl m, p to end.

Repeat rows 1 + 2.

挂针可按个人喜好编织。为了避免镂空太大，也可以在下一行编织成扭针，即knit (purl) through the back loop（在线圈的后侧插入棒针编织下针或上针，缩写为k tbl / p tbl）。还可以不断加入零线编织，结束时再加上边缘或者编织起伏针后收针，披肩的形状就固定下来了。另外，最后加上流苏、毛绒球等装饰物也一定非常有意思。

最近外出的机会可能变少了，但是只要稍微花点心思，在家里还可以同时享受"编织"和"佩戴"披肩的乐趣。作为礼物送人，我想也一定会很受欢迎的。

西村知子（Tomoko Nishimura）：
幼年时开始接触编织和英语，学生时代便热衷于编织。工作后一直从事英语相关工作。目前，结合这两项技能，在举办英文图解编织讲习会的同时，从事口译、笔译和写作等工作。此外，还担任公益财团法人日本手艺普及协会的手编课程教师，以及宝库学园的"英语编织"课程的讲师。新作《西村知子的英文图解编织教程＋英日汉编织术语》（日本宝库社出版，中文版由河南科学技术出版社出版）正在热销中，深受读者好评。

从"i-cord"开始编织披肩
起3针。（这种情况也用另线锁针起针，后面编织起来会更加方便。）
K3。不要翻转织物，*将针目移回至左棒针上，在织物的后面将线拉过来k3。再重复4次*后面的操作。
不要翻转织物，从织物的左端挑取3针，接着从起针侧也挑取3针（依次从每个起针针目里挑出1针）。至此，棒针上一共有9针。
下一行（WS）：Slip 3 sts wyif，pm，p1，pm，p1（中心的针目），pm，p1，pm，p3。
Row 1（RS）（加针的行）：Slip 3 sts wyib，sl m，yo，编织下针至m，yo，sl m，k1，sl m，yo，编织下针至m，yo，sl m，k3。
Row 2（WS）：Slip 3 sts wyif，sl m，编织上针至最后。
重复Row 1和Row 2。

东海绘里香的
配色编织

下面为大家带来的是超人气编织作家东海绘里香老师的新作。
请在全新的配色编织世界里尽情畅游吧!

photograph Hironori Handa styling Masayo Akutsu
hair&make-up Hitoshi Sakaguchi model Asya

街景图案的套头衫

过去也设计过很多次街景图案,不过
这次通过将不同颜色的线合并编织,
形成了更为自然的渐变效果,表现出
了建筑物的深度。前、后身片与两袖
都是相同的图案,只是改变了配色。
也可以按个人喜好交换前、后身片的
配色,但是考虑到颜色的自然过渡,袖
子左右两边的图案要对称。

协助制作 / 望月美和
使用线 / 芭贝

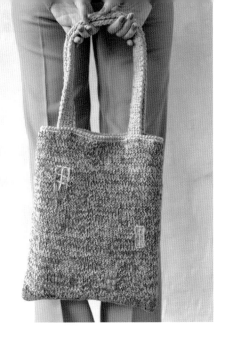

街景图案的手提包

这是一款以街景图案为基础设计的大尺寸手提包。提手编织得比较长，还可以用作单肩包。进行窗框的刺绣时，稍微斜一点，或者不规则地空出间距，这样更能感受到生活的温暖气息。

协助制作 / 望月美和
使用线 / 芭贝

erika tokai

马戏团图案的手提包

这款手提包从58页的马戏团图案中选择了小海狮。第一次尝试纵向渡线（嵌花）编织的朋友不妨从这件小一点的作品开始吧。手提包的后侧是小彩旗图案，也许你想要将底色线横向渡线编织，但是纵向渡线会更加美观，一起加油吧！

协助制作 / 龟田 爱
使用线 / 芭贝

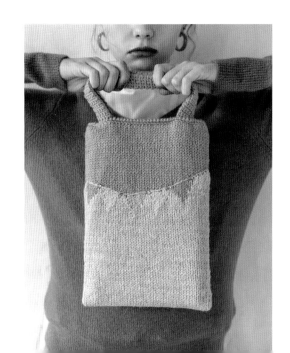

马戏团图案的套头衫

设计这款作品的初衷是希望穿上它就能让心情变得愉快明朗。不规则针数的罗纹针部分用横向渡线的方法配色编织，因为没有伸缩性，注意不要编织得太紧。大象和海狮在编织完成后，注意要使用不同粗细的线进行刺绣。

协助制作／龟田 爱

使用线／芭贝

拼布风背心

这款背心由各种花样拼接而成。花样与花样之间用纵向渡线（嵌花）编织的方法相互连接，由于存在密度的差异，编织完成后需要喷上蒸汽熨烫平整。为了使前身片敞开着也能穿着，特意选择了与前门襟颜色相近的纽扣。边缘的仿皮草线编织时要注意把握松紧度，这样上面的绒毛看上去才会更加松软漂亮。

协助制作 / 铃木贵美子
使用线 / 芭贝

erika tokai

拼布风围巾

这是一款用马海毛线和仿皮草线编织的围巾，图案与背心相同。看上去好像很厚实，其实非常轻。将横向渡线的图案编织成细长形，再将两侧缝合成圆筒状即可，所以不用在意反面的渡线。为了在清冷的冬日景色中穿出靓丽风采，颜色的选择也非常丰富。

协助制作 / 新居香奈子
使用线 / 芭贝

Color Palette

简约的麻花花样毛衣

各种颜色交织在一起酝酿出了丰富饱满的色彩变化。
新款线材编织的麻花花样虽然简单却很别致。

photograph Shigeki Nakashima styling Kuniko Okabe,Yumi Sano
hair&make-up AKI model Sakura Maya Michiki

A

混合浆果色
高领毛衣是准备冬装时绝对不容错过的，看
上去温柔感满分的色调混合了紫色、绿色和
红色等颜色。长款设计可以完美抵御寒冷，
颈部和臀部都非常暖和！

设计／大田真子
制作／冈千代子、真野章代
编织方法／142页
使用线／奥林巴斯

芳草绿

这款圆领套头衫混合了薄荷绿色和淡紫色等色调，仿佛香草一般散发着清爽的气息。毛衫似乎拥有某种疗愈效果，让我们每一天都不再害怕寒冷。

B

午夜蓝

没有编织套头衫的袖子，将其改成了背心款式。深蓝色调宛如冬日寂静的午夜，非常百搭。更换里面搭配的衣服，可以演绎出更多的穿搭风格。

C

D

E

巧克力棕

这款套头衫与前面几款颜色不同，给人的感觉也大相径庭。深邃的颜色让人联想到漫漫长夜，就像又苦又甜的巧克力，与任何服饰都很搭的包容性是其魅力所在。

美丽花园

仿佛庭院里等待春天到来的花儿早先一步在背心上绽放了。玫红色、淡绿色、嫩黄色……开满了整个美丽的花园。明快的色调还能提亮肤色，使人容光焕发。

让人欲罢不能的袜子编织

明明已经编织了很多双袜子，却怎么也编不够! 没关系，不要停下来!
在袜子编织这片"无底沼泽"里，"陷入"一词已经不足以形容，因为有太多朋友为之着迷，无法自拔。

photograph Shigeki Nakashima styling Kuniko Okabe,Yumi Sano
hair make-up Hitoshi Sakaguchi model Ruby Tuesday

条纹花样短袜

"沼泽"的入口就是袜子线，深谙此道的朋友
大多会这样说吧。这双袜子只有袜跟和袜头部
位使用了别的毛线，主体部分只要一圈一圈地
编织就能形成漂亮的条纹花样。这款魔法般的
线材既免去了线头处理的麻烦，也无须对很多
颜色进行配色。

设计/风工房
编织方法/153页
使用线/Opal毛线

素雅翻边袜

一旦陷入袜子线的"沼泽",对袜跟的编织方法也会越来越讲究。在传统的绕线和翻面（Wrap&Turn）引返编织上受过挫折的朋友,只要掌握了其中的编织小窍门,也会慢慢熟练起来。先让我们一起挑战这双轻巧可爱的翻边袜吧!

设计/西村知子
编织方法/155页
使用线/和麻纳卡

麻花花样长筒袜

虽然在日本还是一片比较新的领域,但在世界其他国家,自古以来就有一群资深专业的"袜子编织爱好者"。传统编织书中常见的麻花和人字形花样的袜子逐渐成为这片"沼泽"居民的正装必备单品。

设计/风工房
编织方法/157页
使用线/达摩手编线

传统花样编织袜

将怀旧又不失新意的基础花样设计在明显的位置，袜筒后侧简单地编织直线罗纹花样。罗纹花样对偏胖的腿型也非常友好，穿起来更加舒适。传统花样的袜子作为送给男士的礼物也再合适不过了。

设计/兵头良之子
制作/Takeko Tanabe
编织方法/159页
使用线/和麻纳卡

撞色设计短袜

大脑是寻求刺激的器官。偶尔放下轻松便捷的
袜子线，用普通毛线编织也可能会有新的惊喜。
通过这双袜子，可以掌握用两种色线交叉编织
出类似拉针花样的技巧。当作品完成时，或许
编织技术也上了一个台阶。

设计/西村知子
编织方法/162页
使用线/和麻纳卡

糖果色长筒袜

瞧这些排列整齐的彩色袜子！不要吃惊，用1团线就可以编织出一双长筒袜或者两双短筒袜。为了使袜跟和袜头的颜色与主体部分（袜背、袜底、袜筒）形成鲜明对比，有一个小技巧，那就是选择色轮上相距较远的颜色编织。最好在主体编织结束后紧接着编织另一个主体的袜跟或袜头。仔细观察，你就会发现这些袜子之间的关系。

设计 / DMC
编织方法 / 161页
使用线 / DMC

袜子编织的重点教程

下面将为大家介绍3种编织技法：
从袜头开始编织时非常方便的、由朱迪·贝克（Judy Becker）发明的起针法；
具有良好伸缩性的德式绕线起针法；
欧美常见的绕线和翻面（Wrap&Turn）引返编织方法。

朱迪魔法起针法

1

使用环形针。线头端挂在食指上，线团端挂在拇指上，将线拿好，再用棒针夹住线。

2

如箭头所示，将食指上的线挂在针上。

3

接着如箭头所示，将拇指上的线挂在针上。

4

如箭头所示，将食指上的线挂在针上。

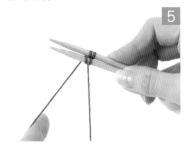

5

起好了4针。重复步骤3、4起针，直到完成所需针数。

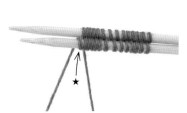

6

起针完成。

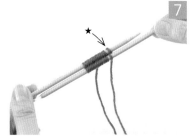

7

调转棒针，抽出下侧的1根针。

8

开始编织第2行。编织完针上的针目后，将针绳上的线圈移至针上，环形编织两侧的针目。

德式绕线起针法

1

按手指挂线起针法的要领挂线并拿好。

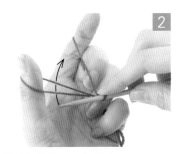

2

将针从拇指线圈下方穿过。

3

从后侧将针插入拇指线圈里。

4

将拇指线圈内侧的线挑至前面。

5

向上抬起针头，挑住挂在食指上的线，然后从拇指线圈中穿过。

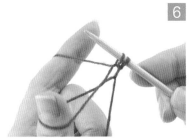

6

挑出线后的状态。放掉拇指上的线，拉紧。

7

第2针就完成了。

8

重复以上操作起针，直到完成所需针数。

绕线和翻面（Wrap&Turn）引返编织方法

从反面编织的行

编织至引返针目前，将线放在织物的前面，将左棒针上的针目滑过不织。

将线放在织物的后面，再将刚才滑过去的针目移回至左棒针上。

这样，线就夹在了左棒针的2个针目之间。将织物翻回正面。

线就绕在了针目上。接着编织下针至下一个引返针目前。

从正面编织的行

将线放在织物的后面，将左棒针上的针目滑过不织。

将线放在织物的前面，再将刚才滑过去的针目移回至左棒针上。

这样，线就夹在了左棒针的2个针目之间。将织物翻至反面。

线就绕在了针目上。接着编织上针至下一个引返针目前。

消行（反面，第1次）

将右棒针从后面插入绕线中。

挂到左棒针上。

在左棒针的2个线圈里插入右棒针，编织上针。

消行就完成了。接着按步骤 1~4 的要领在下个针目上绕线。

消行（正面，第1次）

将右棒针从前面插入绕线中。

如箭头所示，将左棒针上的针目移至右棒针上。

将右棒针上的2个线圈移回至左棒针上。

在移回的针目里编织下针。

消行（反面，第2次及以后）

消行（正面，第2次及以后）

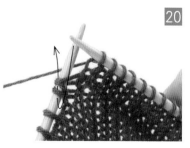

消行就完成了。接着按步骤 5~8 的要领在下个针目上绕线。

从第2次开始，绕线变成了2根线，按步骤 9~11 的要领将所绕线圈挂在左棒针上。

在3个线圈里一起编织上针，然后在下个针目上绕线。

正面也一样，绕线变成了2根线，按步骤 13~16 的要领编织。

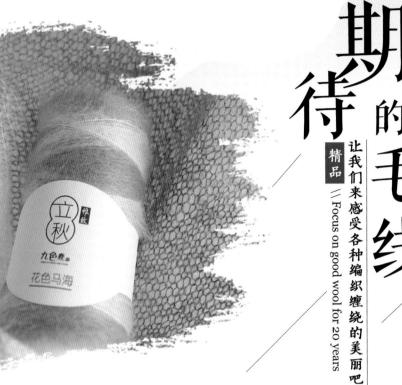

期待的毛线

精品

让我们来感受各种编织缠绕的美丽吧

// Focus on good wool for 20 years

九色鹿

出品：苏州九色鹿纺织科技有限公司

地址：江苏省苏州市相城区渭塘镇渭南工业区

电话：0512-65717999

网址：https://jiuselu.tmall.com/

Couture Arrange

志田瞳优美花样毛衫编织新编 ❽

蕾丝褶边套头衫

photograph Hironori Handa styling Masayo Akutsu hair&make-up Hitoshi Sakaguchi model Asya

选自日文版《志田瞳优美花样毛
衫编织8》(无中文版)

原来是一款淡粉色套头衫,下摆和袖口都
是波浪形边缘。

　　"志田瞳优美花样毛衫编织新编"迎来了第2个冬天第8件作品。连载是从简单的改编
开始的,不过最近我很想制作一件改编部分比较多的作品。

　　这次选择了《志田瞳优美花样毛衫编织8》中的一款淡粉色套头衫。粉色本身就给人一
种柔和甜美的感觉,而这次改编的目标是用素雅的颜色编织一件凸显高贵气质的套头
衫。颜色上选择了略浅的灰色,使用短纤维马海毛混纺线材,其中的锦纶成分为作品增添
了光泽感。

　　花样方面仅保留了主要的斜纹蕾丝花样,其余部分做了大幅度的修改。整体上增加了
蕾丝花样,并且加入了枣形针。为了彰显成熟韵味,枣形针编织得比较小。作为新的尝
试,第一次增加了每行都要编织的花样,并在边缘加入了褶边设计。每行都要编织的花样
部分选择了比较容易编织的花样,褶边部分也加入了蕾丝花样,增添了华丽气息。

　　每行都要编织的花样因为反面也要编织,容易让人望而却步,其实只要掌握了看编织
图的技巧就能迎刃而解。如果大家可以借此机会挑战试试,我将感到非常荣幸。

detail（细节说明）

褶边部分如果解开另线锁针编织，起针针目会变得松散，褶边就会显得不够紧致。因为这次要在边缘加入褶边，所以身片和袖子都使用一般起针法开始编织。

领口褶边如果向上编织很难定型，所以稍微做了改动，设计成了褶边向下的领口。

关于花样，原来的套头衫由3种花样构成，这次的改编作品由5种花样构成。编织时，要注意保持枣形针大小一致。

每行都要编织的花样中，反面编织时，"左上2针并作1针"与正面编织时一样将2针并作1针，"右上2针并作1针"要将2个针目交换位置后再并作1针。只要记住这一点，编织起来就会驾轻就熟。

制作 / 草川澄子
编织方法 / 164页
使用线 / 钻石线

冈本启子的 Knit+1

第26回

最近，因为各种担心顾虑都不敢随意出门了。
希望介绍的两款编织作品可以为大家加油打气，在接下来的日子里过得稍微开心一点。

photograph Shigeki Nakashima styling Kuniko Okabe, Yumi Sano
hair&make-up AKI model Sakura Maya Michiki

大家是否一切安好？2020年年初真是从未想象过的春天。但是即便如此，我们还是迎来了炎热的夏天，然后是秋天，而编织旺季冬天也已经到来了。

快乐编织，幸福穿搭。这次设计的初衷是希望K's K的编织作品可以多少帮助大家愉快地度过每一天。

作品的主题是"闪闪发亮"。

有一种说法，以前的国王头戴王冠，身上也戴满了黄金首饰。这些原本都是为了起到"驱邪除魔"的作用。自古以来人们都相信发光的物体可以带来好运。尚在疫情阴影下的这个冬天，就让闪烁的光芒给我们力量吧。其实我也非常喜欢闪亮的物品。光是看着就让人心生雀跃，情绪也会随之好转。

冬天有圣诞节和新年等节日，也会有更多机会穿上闪亮的服饰。今年的闪亮作品会稍微雅致一些，与含亮片的高级线材"LED"合并编织而成。无论是背心还是套头衫，都使用了麻花花样。搭配不同的服饰，可休闲可优雅，无疑是很多场合都可以穿着的实用单品。希望大家都能拥有一个愉快的冬天！

冈本启子(Keiko Okamoto)

Atelier K's K 的主管。作为编织设计师及指导者，活跃于日本各地。在阪急梅田总店的10楼开设了店铺"K's K"。担任公益财团法人日本手艺普及协会理事。著作《冈本启子的钩针编织作品集》(日本宝库社出版，中文简体版已由河南科学技术出版社出版)正在热销中，深受读者喜爱。
http://atelier-ksk.net/
http://atelier-ksk.shop-pro.jp/

线名：DRAGÉE、LED

交叉麻花花样背心

72页作品 / 许多麻花花样相互交缠延伸。请享受各种麻花花样编织带来的乐趣吧！

制作 / 泽田里美　编织方法 / 170页　使用线 / K's K DRAGÉE、LED

大麻花圆领套头衫

左图作品 / 整个身片都设计了宛如篱笆花墙的麻花花样。极富立体感的阴影部分也别有一番妙趣。

制作 / 宫本宽子　编织方法 / 168页　使用线 / K's K DRAGÉE、LED

编织机讲座 part 16

向大家介绍用"Amimumemo"编织机编织的作品。尝试用移圈针编织各种花样吧！

photograph Hironori Handa styling Masayo Akutsu hair&make-up Hitoshi Sakaguchi model Asya

小高领套头衫

下摆、衣领和袖口部位的之字形花样用的是以移圈针将针目拉上来的编织技法。像这样精致的花样利用了编织机特有的"退针"编织，操作起来非常简单。套头衫也可以用编织机快速完成。

设计/奥村利惠子（银笛编织研究会）
编织方法/174页
使用线/奥林巴斯

落肩袖撞色毛衫

人字形花样新颖别致，仿佛紧密排列的箭羽一般。宽松的身片、落肩袖、下摆的开衩设计，各种时尚元素的加入也使编织过程更加充满乐趣。胁部的拼条使用了鲜艳的翠绿色，格外亮眼。

设计／风工房
编织方法／175页
使用线／达摩手编线

仿皮草围脖

由毛茸茸的仿皮草线和平直毛线组成的斜条纹花样只要重复加针和减针就可以编织完成。将编织得足够长的围脖用力一拉，再将脸部深深地埋在里面，柔软的触感舒服极了！

设计/奥村利惠子（银笛编织研究会）
编织方法/163页
使用线/奥林巴斯

A

B

C

编织机讲座
使用移圈针编织花样
摄影 / 森谷则秋

76 页的作品
因为编织花样是每4行向左移1针，所以从右端起针开始编织。

1
将机头从左边开始用A色线编织2行。

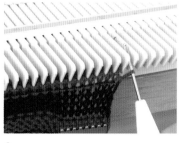

2
用移圈针挑取右端的针目，将其重叠在左边的针目上。

3
右端的针目减少了1针。

4
将左端边上的空针推出至D位置，如箭头所示绕上B色线。

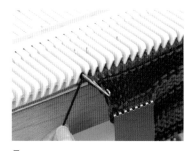

5
接着编织2行。

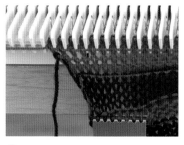

6
左端的针目增加了1针。

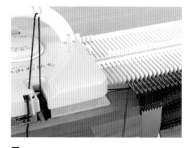

7
换线，按步骤1~4的要领继续编织。

74 页作品的编织花样A
从另线起针处开始编织退针，每4行将退针的渡线拉上来一次。

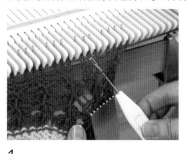

1
编织4行，用移圈针挑起前2行退针部分的2根渡线，将渡线挂在左侧第3针上。

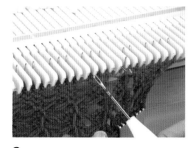

2
挂线后的状态。按相同要领重复操作。

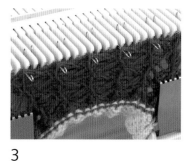

3
这是全部挂好渡线后的状态。在退针的状态下继续编织4行（将挂上渡线的机针推出至D位置，这样比较容易编织）。

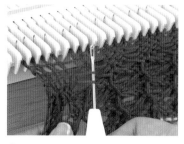

4
按步骤1的要领，用移圈针挑起前2行退针部分的2根渡线，这次将渡线挂在右侧第3针上。

5
挂线后的状态。按相同要领重复操作。

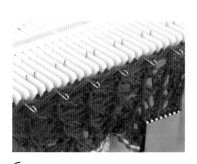

6
这是全部挂好渡线后的状态。重复步骤1~5至指定行数。

编织师的极致编织

正, 正, 反, 正

正, 正, 反, 正

沙沙沙, 沙沙沙

反, 反, 正, 正

反, 反, 正, 正

沙沙沙, 沙沙沙

编织的节奏很重要

沙沙沙, 沙沙沙

短针, 中长针, 长针, 中长针, 短针

难以言说

沙沙沙, 沙沙沙

1、2、3、4、5, 挂针

沙沙沙, 沙沙沙

手腕的运动 要有节奏

沙沙沙, 沙沙沙

沙沙沙, 沙沙沙

为了放下很多毛线

编织一个大靴子

等待圣诞老人

沙沙沙, 沙沙沙

编织师203gow：
持续编织非同寻常的"奇怪的编织物"。成立让编织充满街头的游击编织集团"编织奇袭团"，还涉足百货店的橱窗、时尚杂志背景、美术馆、画廊展示、舞台美术以及讲习会等活动。
http://203gow.ldblog.jp/（奇怪的编织物）

文、图/203gow　参考作品

毛线世界

编织符号真厉害

第14回 圈圈针【创意钩针编织】

了不起的符号 1 没编过就试试，毛茸茸的

短针的圈圈针

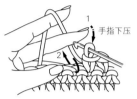

1 左手的中指放在线上，向下压到织片上，如图所示插入钩针。

2 拿好织片，如箭头所示将线挂到钩针上，拉出。

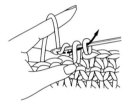

3 再次挂线并引拔出来。抽出左手中指。

4 短针的圈圈针完成了，线圈出现在反面。

了不起的符号 2 正面光溜溜，反面毛茸茸

← 线圈出现在反面

长针的圈圈针

还有长针的变化

了不起的符号 3 抓狂？！棒针的圈圈针

1 编织过的针目不要从左棒针上取下来，再次插入右棒针，左手中指挂线，然后右棒针挂线拉出（织成2针）。

2 左棒针从编织过的针目中退出，插入右棒针上的第1针，挑起使其盖住第2针。

3 再次用右棒针挂线并拉出。

4 棒针的圈圈针完成。

你是否正在编织？我是对编织符号非常着迷的小编。终于来了！寒冷的《毛线球》冬号！此时，可以温暖身心的除了火锅，当然还有编织呀。如果大家把所有的精力都放在编织上，我将喜不自胜。

这次我们介绍的主要是钩针编织的圈圈针。在编织短针或长针时，插入中指就可以形成一个线圈。一个个线圈组合在一起，就会给人一种毛茸茸、蓬松松的感觉。所以，它还有一个名字，叫作"狮子毛编织"。如果使用毛纤维较长的毛线编织，它的蓬松感会更强。这种织片很适合用在衣领或袖口当作装饰，视觉效果很漂亮。用它编织包包，也会很吸引眼球。刚开始用中指时，可能会有些生涩，但很快就熟练了，初学者也可以尝试这种编织方法。

需要注意的是，圈圈针出现在织片反面。所以，通常我们将反面当作正面用。不过，据说，波罗的海三国的传统编织手套，会将圈圈针用在手套反面，以提高保暖效果。圈圈针只有连续编织，才会发挥出它的作用。所以，它真的是超适合冬季的一种编织针法。

既然有钩针编织的圈圈针，那是不是也有棒针编织的圈圈针呢？有的！虽然有些让人抓狂，但还是顺便介绍一下吧！它们的基本原理是一样的。编织好1针后，不要从左棒针上取下来，插入中指，右棒针再次挂线拉出针目。将这2针并为1针，这样圈圈针就不会散开，也就织好了。实际操作的话，会有些麻烦。所以，我个人还是更倾向于用钩针编织圈圈针。不过，也可以借机两种方法都尝试一下。就让圈圈针陪我们一起度过寒冷的冬季吧。

小编的碎碎念

在可以创造各种各样编织效果的钩针编织中，圈圈针是一种大放异彩的针法。大概是因为有不编织的线圈出现在织片上吧。用的毛线不一样，圈圈针给人的感觉也会截然不同。毛纤维较长的线很适合编织圈圈针，清爽的夏季线材也可以。它是非常醒目的编织方法，请大家一定要尝试一下哟。

编织报道：

北泽真个人作品展
——编织"无用"之物

图、文/毛线球编辑部

作品展现场

在东京墨田区有一家叫OMOTE的面具专卖店，汇集了各种新奇的面具。8月，玩偶编织艺术家北泽真先生就在这家店内举办了首次个人作品展——编织"无用"之物。

北泽真先生从2006年开始从事艺术创作，2013年在《毛线球》的"男人编织"版块中，我们也曾详细介绍过他。只用钩针编织中的"短针"针法塑造的各种形状充满了视觉冲击力和创意，让人不由得驻足观看。他总是在工作间隙，不分昼夜地坚持编织。

这次的个人作品展源于面具专卖店OMOTE的邀约，参加由其主办的"东京面具节（Tokyo Mask Festival）"活动。北泽真先生说，他就是以此为契机"开始了编织面具的创作"。虽说是面具，其实是以铁丝为内芯，用短针包住铁丝进行钩织的一种不可思议的造型艺术。作品的主题也非常稀奇古怪，譬如"奇怪的下巴""黑死病鸟嘴面具""手"等。面具专卖店的店主大河原先生也对这些作品的创意惊叹不已："店里陈列了大约20位面具师的作品，但是北泽先生带来的作品是最酷的！（笑）"

除了面具之外，他还展出了很多极富个性的作品，譬如深海生物、用质数针数编织的螺旋造型装置、表现声音元素的人偶、以但丁的地狱之门为灵感创作的作品等。有的作品还会用丙烯颜料上色或者喷漆加工，所以不少作品乍一看根本看不出来是编织物。他的作品基本上都是现场展示销售，不过他也在网上出售编织图解。听说比起日本，在美国、西班牙和南美等地更受好评。

北泽先生告诉我们："因为编织方法非常单一，长期持续创作可能很奇怪。但是不可思议的是，我从来不觉得厌倦，而且不断进行着各种尝试。"听说今后他还想以编织玩偶的形式挑战像双节棍之类的武器作品。在这条独自前行的道路上，他将一如既往地继续磨炼。大家还可以在各大社交平台看到他的制作过程。我们也会继续关注北泽先生今后的艺术创作世界。

現在还不知道?

棒针的起针方法

棒针编织时,最先做的当然是起针。
起针方法有很多,包括一些不怎么常见的方法。
今天重新回顾一下常见的起针方法,有助于我们织出漂亮的作品。

摄影/森谷则秋 主编/今泉史子

起针起好了,才能棒棒地编织!!

手指起针

这是非常方便的起针方法,只需要借助编织作品所用的棒针,就可以完成。
它有一定的弹性,适合编织各种针法。
只是,起针行容易松,所以根据后面的编织针法,有时需要使用略细的棒针,或者使用1根棒针辅助起针。

下针编织的情况

2根8号针起针

8号针和4号针各1根

1根8号针起针

稍微有些松,如果不做边缘编织,针目看起来很不协调。

没有那么显眼了。搭配的棒针,比编织作品所用棒针细一半为宜。

起针行特别美观。不过,如果起针行偏紧的话,第2行挑针时会不太方便。用1根针起针时要注意起得松一些。建议用粗1~2号的针来起针。

单罗纹针的情况

2根8号针起针

2根8号针起针

罗纹针的织片会横向收缩,所以针目看起来比下针编织时松一些。建议搭配细针或者用1根针起针。

同样的单罗纹针,扭针的单罗纹针通过扭转针目将线拉紧,用2根8号针起针也会很漂亮。

起伏针的情况

2根8号针起针

8号针和4号针各1根

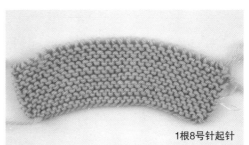

1根8号针起针

起伏针的织片是横向拉伸的,所以编织效果很好。

起针行有些紧,所以织片出现了弧度。

起针行更紧了,弧度更明显。

决定编织起点的方法

线头留起针长度的3倍，通常从这里开始起针。

如果没有尺子，可以借鉴后面的方法。

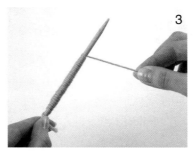

在起针所用的棒针上绕线，缠绕起针数目的线圈。

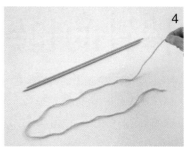

缠好后，捏住最后的位置从棒针上取下，在这里做一个起针所需要的线圈。

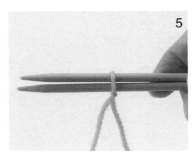

将2根棒针插入这个线圈中。

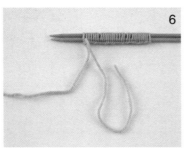

这就是起针的针目。起针后，线头所剩的长度正好。

其2

锁针起针

用钩针做锁针起针，然后用棒针挑起锁针的里山起针。
所用的钩针要比棒针粗一号，这样编织效果才漂亮。
如果是用特大号棒针编织，不用找特特大号钩针起针，只需要松松地起针就行了。

另线锁针起针

另线锁针要在事后拆掉，所以经常使用比较光滑的夏季线材。冬季线材在挑针时容易被劈开，在拆开时容易将毛纤维残留在编织线上。
所以，如果手头没有夏季线材，尽量用与编织线颜色接近的毛线起针。

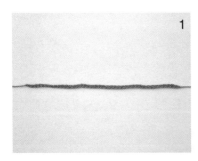

锁针起针时，要比指定的针目数量多起几针。

留两三针，将棒针插入锁针的里山开始挑针。

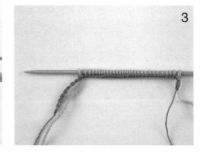

挑好了。端头留几针再挑针，针目比较稳定。

如果不擅长挑针，可以使用比实际编织针细一号的无堵头棒针，按照图示入针挑针。

用同样的方法继续在里山挑针至需要的针数。

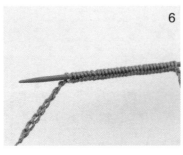

挑好了。

用作品所用的棒针挑针编织第1行。

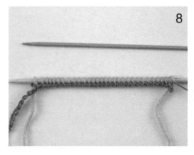

第1行编好了。

如果发现所起的锁针不够……

就重新起几针锁针，接着挑针。

共线锁针起针

用编织线做锁针起针，在和编织终点的伏针收针对齐连接时使用此种起针方法。
因为锁针不再拆除，因此要特别注意它和织片的平衡。

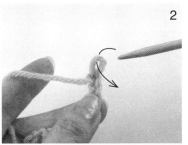

用钩针起所需要数目的针目，取下钩针。

将棒针插入取下钩针的线圈。

如箭头所示插入端头第2针锁针的里山挑针。

用同样的方法挑针到端头。

从另一端解开锁针起针的方法

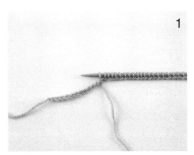

共线锁针起针起多了。

如箭头所示插入手缝针。

将线头挑出。

继续将手缝针插入下一个线圈，再次将线头挑出。

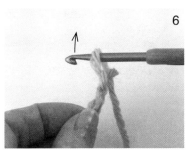

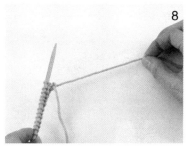

从下一针的后侧插入钩针。

将线拉出。

然后只需要拉拽线头，便可以不断解开针目。

一直解到挑针位置。

阿富汗针编织的符号

前进针
（下针）

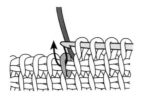

1　如箭头所示插入前一行的针目（竖针）。

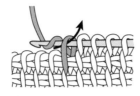

2　从后往前在针头挂线后拉出。

3　完成1针。

退针

1　从后往前在针头挂线。

2　如箭头所示一次引拔穿过针上的2个线圈。

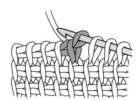

3　退针完成。

长针

立织2针锁针

1　针头挂线，将针插入前一行的竖针，接着挂线拉出。

2　再次挂线，一次引拔穿过针头的2个线圈。

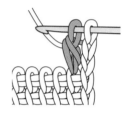

3　长针完成。

退针3针并1针

1　在后退编织时操作。针头挂线。

2　一次引拔穿过退针的1个线圈和竖针的3个线圈（共4个线圈）。

3　退针的3针并1针完成。

引拔针

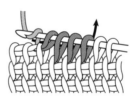

2　针头挂线，一次引拔穿过针上的2个线圈。

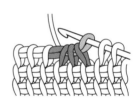

3　引拔针完成。

1　将针插入前一行的竖针。

从退针挑针

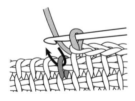

分开退针的锁针挑针

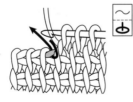

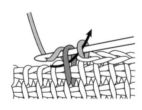

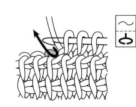

从退针的锁针的里山挑针

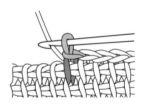

作品的编织方法

材料
手织屋 Moke Wool A 原白色（32）245g，
黑色（16）135g；直径14mm的纽扣7颗
工具
棒针4号、3号
成品尺寸
胸围126.5cm，衣长60cm，连肩袖长74cm
编织密度
10cm×10cm面积内：条纹花样20.5针，
38行；下针编织24针，32行
编织要点
●身片、衣袖…手指起针，身片编织单罗纹

针和条纹花样，衣袖编织单罗纹针和下针
编织。减2针及以上时做伏针减针（仅在第
1次编织边针），减1针时立起侧边1针减针
（即2针并1针）。加针时，在1针内侧编织
扭针加针。
●组合…肩部做盖针接合。前门襟、领口挑
取指定数量的针目，编织单罗纹针。右前门
襟开扣眼。编织终点做下针织下针、上针织
上针的伏针收针。衣袖与身片对齐针与行缝
合。胁部、衣袖下使用毛线缝针做挑针缝合。
缝上纽扣。

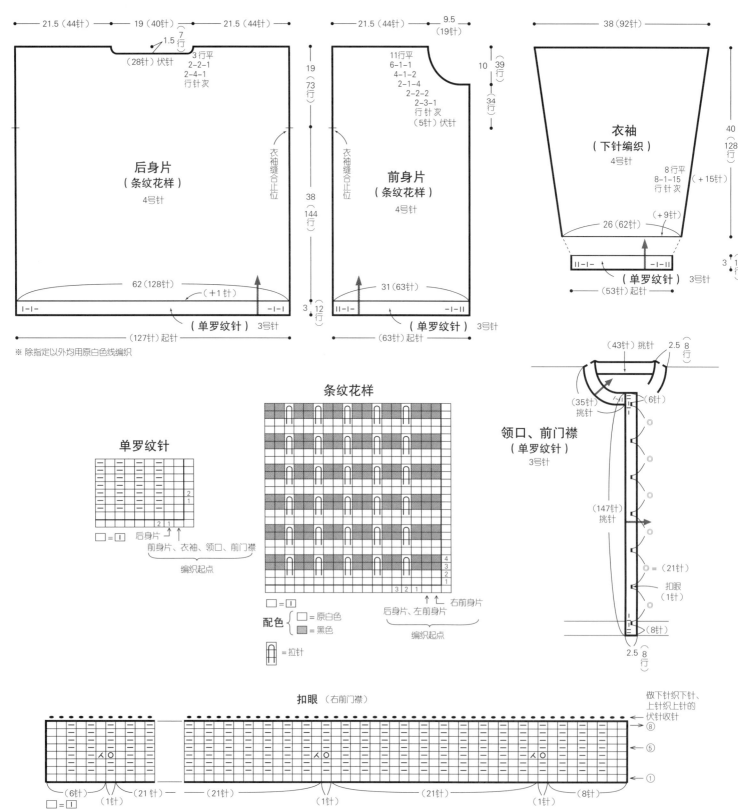

86

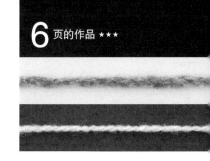

材料

手织屋 Moke Wool B 绿棕色（08）440g，Original Wool 芥末黄色（30）65g，蓝色（39）30g

工具

棒针7号、6号、4号

成品尺寸

胸围110cm，衣长56cm，连肩袖长71cm

编织密度

10cm×10cm 面积内：下针编织 18.5针，24.5行；条纹花样A、B均为20针，40行

编织要点

●身片、衣袖…另线锁针起针，身片做下针编织，衣袖做条纹花样A、下针编织。减2针及以上时做伏针减针，减1针时立起侧边1针减针。袖下加针时，在1针内侧编织扭针加针。下摆、袖口解开锁针起针挑针，分别编织双罗纹针条纹A、B。编织终点做双罗纹针收针。

●组合…胁、插肩线、袖下使用毛线缝针做挑针缝合，腋下针目做下针的无缝缝合。育克挑取指定数量的针目，环形编织条纹花样B。育克参照图示分散减针。领口编织双罗纹针条纹B，编织终点的收针和下摆相同。

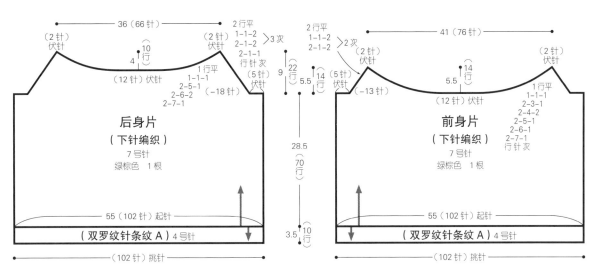

后身片（下针编织）7号针 绿棕色 1根

前身片（下针编织）7号针 绿棕色 1根

双罗纹针条纹 A（下摆）

□ = 国

配色 { □ =绿棕色 1根 / ▨ =芥末黄色 2根 }

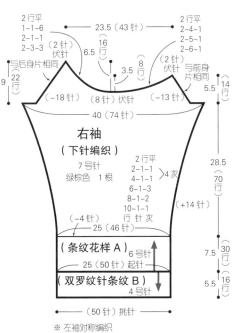

右袖（下针编织）7号针 绿棕色 1根

（条纹花样A）6号针

（双罗纹针条纹B）4号针

※ 左袖对称编织

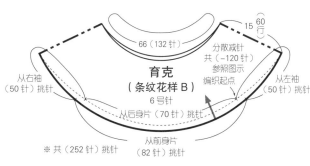

育克（条纹花样B）6号针

从右袖（50针）挑针
从左袖（50针）挑针
从后身片（70针）挑针
从前身片（82针）挑针
分散减针 共（−120针）参照图示编织起点
※ 共（252针）挑针

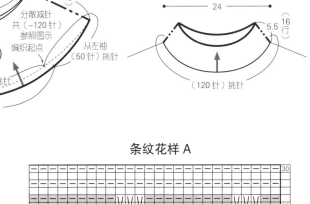

领口（双罗纹针条纹B）4号针

（120针）挑针

双罗纹针条纹 B（袖口）

□ = 国

配色 { □ =绿棕色 1根 / ▨ =芥末黄色 2根 / ▨ =蓝色 2根 }

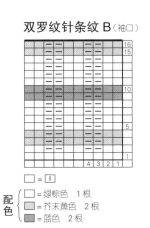

条纹花样 A

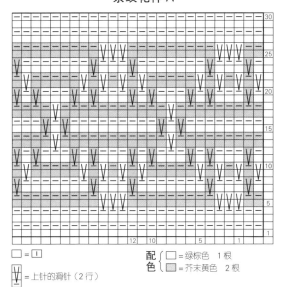

□ = 国

Ⅴ = 上针的滑针（2行）

配色 { □ =绿棕色 1根 / ▨ =芥末黄色 2根 }

育克和领口的分散减针

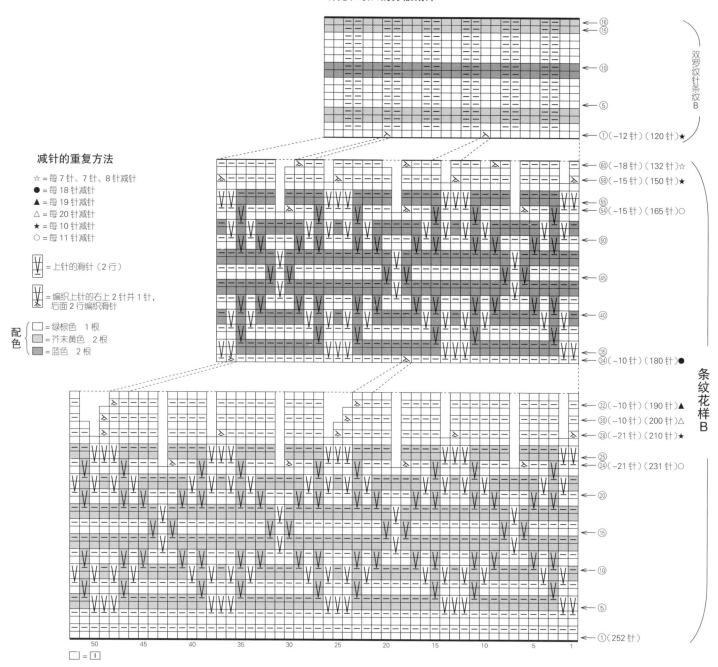

减针的重复方法

☆ = 每 7 针、7 针、8 针减针
● = 每 18 针减针
▲ = 每 19 针减针
△ = 每 20 针减针
★ = 每 10 针减针
○ = 每 11 针减针

= 上针的滑针（2 行）

= 编织上针的右上 2 针并 1 针，后面 2 行编织滑针

配色
= 绿棕色　1 根
= 芥末黄色　2 根
= 蓝色　2 根

双罗纹针条纹 B

⑯
⑮
⑩
⑤
①（−12 针）（120 针）★

条纹花样 B

⑯⓪（−18 针）（132 针）☆
⑯⑧（−15 针）（150 针）★
⑤⑤
⑤④（−15 针）（165 针）○
⑤⓪
⑯⑤
⑯⓪
③⑤
③④（−10 针）（180 针）●

③②（−10 针）（190 针）▲
③⓪（−10 针）（200 针）△
②⑧（−21 针）（210 针）★
②⑤
②④（−21 针）（231 针）○
②⓪
⑯⑤
⑩
⑤
①（252 针）

50　45　40　35　30　25　20　15　10　5　1

= ☐

上针的滑针
（2 行）

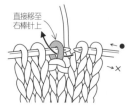

直接移至
右棒针上

1 × 行为上针的状态。● 行将线放在织片后侧，左棒针上的针目不改变方向直接移至右棒针上。

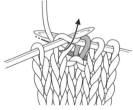

2 将右棒针插入下一个针目编织下针。

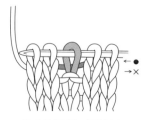

3 上针的滑针 1 行编织好了。

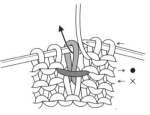

4 下一行（从反面编织的行）将线放在织片前侧，该针目直接移至右棒针上。从后面入针继续编织上针。

材料

奥林巴斯 Tree House Ground 绿色(306)
225g/6团、红褐色(303)135g/4团、芥末黄色(305)90g/3团,Tree House Leaves 灰色(12)170g/5团;直径20mm的纽扣7颗

工具

棒针10号(无堵头)、8号

成品尺寸

胸围112cm,衣长66cm,连肩袖长72cm

编织密度

10cm×10cm面积内:条纹花样A 17针,28.5行;条纹花样B、B'均为17针,31行;条纹花样C 17针,26.5行;下针编织17针,23行;配色花样17针,22行

编织要点

●身片、衣袖…前、后身片连在一起做手指挂线单罗纹针起针,编织扭针的单罗纹针,条纹花样A、B、C。编织至袖窿后,前、后身片分开编织条纹花样C、B'和下针编织。前领窝减针时,2针及以上时做伏针减针,1针时端头第3针和第4针编织2针并1针。衣袖的编织起点和身片相同,编织扭针的单罗纹针和配色花样。采用纵向渡线的方法钩织配色花样。袖下加针时,在1针内侧编织扭针加针。编织终点做伏针收针。
●组合…肩部做盖针接合。领口挑取指定数量的针目,编织扭针的单罗纹针。编织终点做扭针织扭针、上针织上针的伏针收针,折向内侧并缝合。前门襟从身片和领口挑取指定数量的针目,编织扭针的单罗纹针。注意领口要将2片重叠着挑针。右前门襟开扣眼。编织终点的收针和领口相同。衣袖与身片对齐针与行缝合。袖下使用毛线缝针做挑针缝合。缝上纽扣。

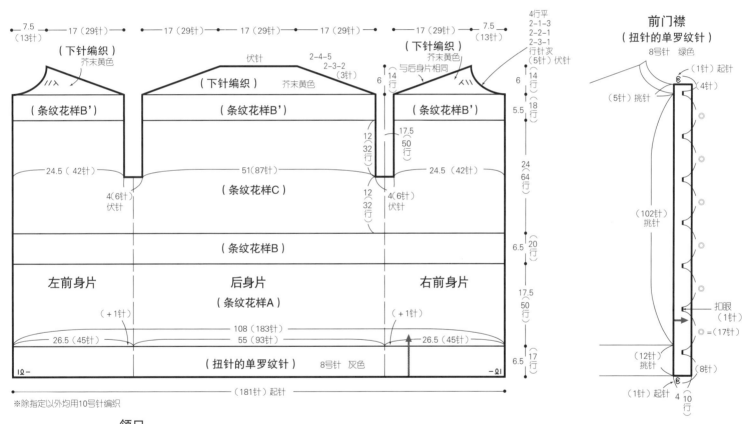

前门襟
(扭针的单罗纹针)

领口
(扭针的单罗纹针)
8号针 灰色

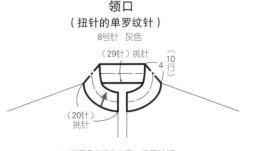

※编织终点折向内侧,做藏针缝

扭针的单罗纹针
(领口)

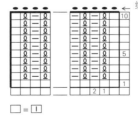

做扭针织扭针、上针织上针的伏针收针

□ = 王

扣眼(右前门襟)

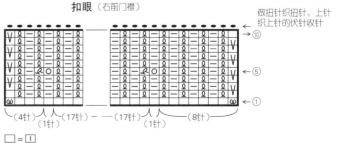

做扭针织扭针、上针织上针的伏针收针

□ = 王
ⓦ = 卷针
Ɐ = 扭针的左上2针并1针

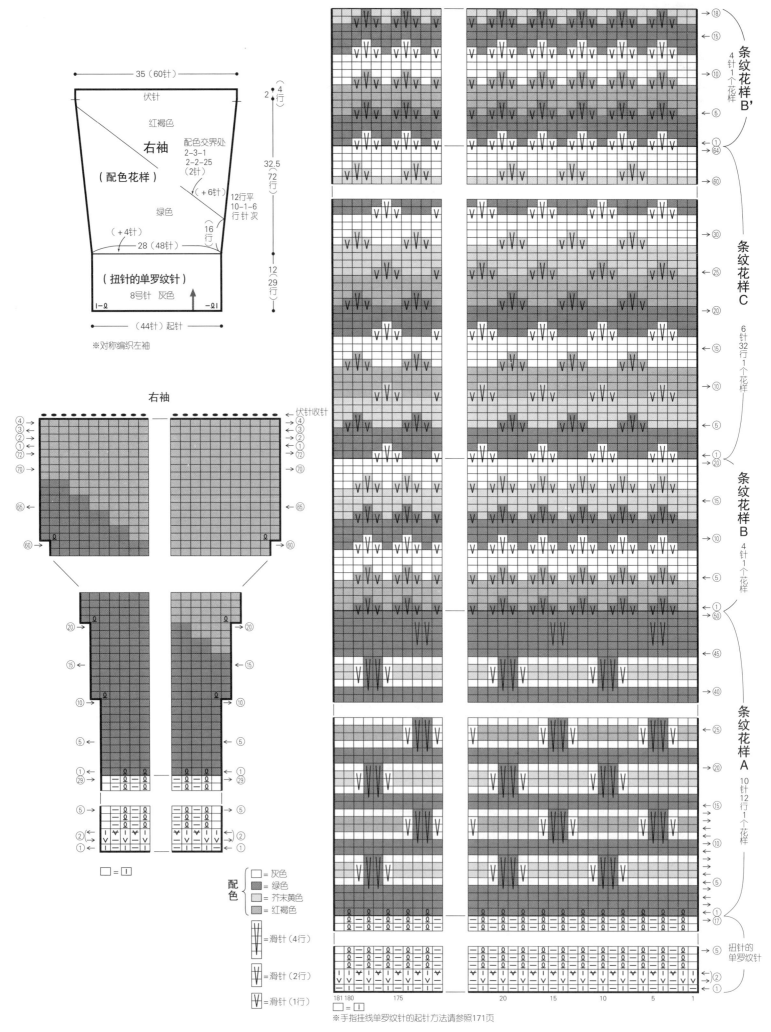

材料
内藤商事 Indiecita DK 驼色(202) 170g/4 团,灰
紫色(M4406) 100g/2 团,原白色(100) 75g/2 团,
紫色(M4403) 60g/2 团,藏青色(M66) 20g/1 团
工具
棒针6号、7号
成品尺寸
胸围96cm,衣长56cm,连肩袖长64cm
编织密度
10cm×10cm 面积内:条纹花样 A、B 均为
23针,26.5行

编织要点
●身片、衣袖…手指起针,开始编织起伏针
条纹 A,注意起针不要太紧。然后编织条纹
花样 A、B。领窝、袖山的减针和袖下的加
针参照图示编织。
●组合…肩部做盖针接合。领口挑取指定数
量的针目,编织起伏针条纹 B。编织终点做
伏针收针。衣袖与身片对齐针与行缝合,胁
部和袖下使用毛线缝针做挑针缝合。

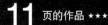

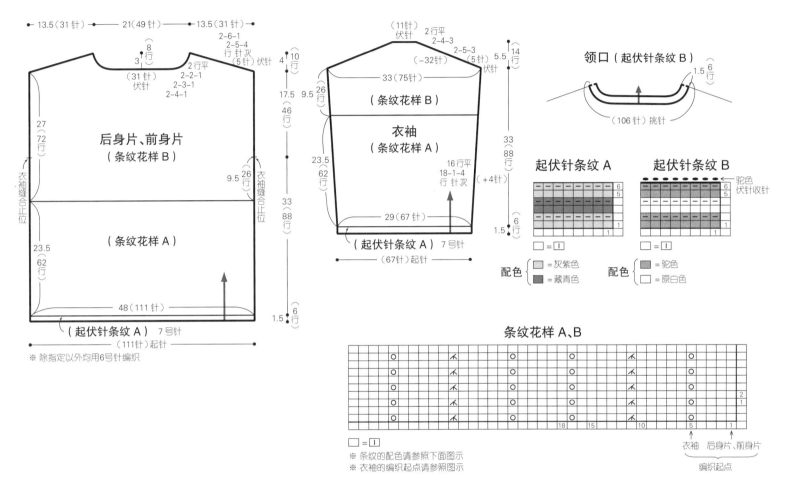

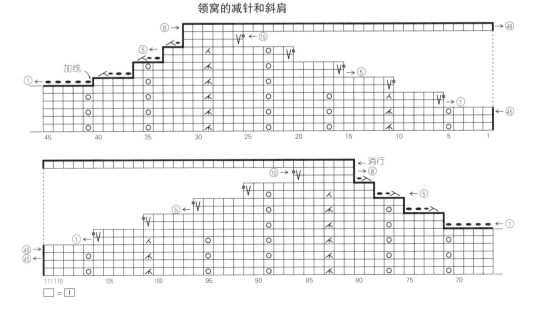

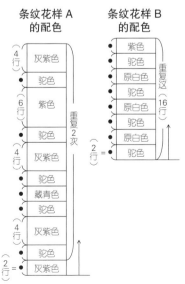

袖山的减针

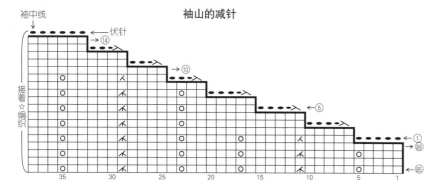

袖下的加针

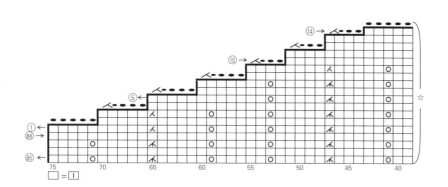

□ = □

☒ = 扭针加针

材料

奥林巴斯 Tree House Palace 米色(402) 275g/7团,绿色(416)125g/4团,灰色(417)35g/1团

工具

棒针8号

成品尺寸

胸围98cm,肩宽40cm,衣长57cm,袖长50cm

编织密度

10cm×10cm面积内:配色花样A、B均为22针,24.5行

编织要点

●身片、衣袖…手指起针,编织单罗纹针和配色花样A、B。将前、后身片连在一起做环形编织,从袖隆开始前、后身片分开编织。采用横向渡线的方法编织配色花样。减2针及以上时做伏针减针,减1针时立起侧边1针减针。袖下加针时,在1针内侧编织扭针加针。

●组合…肩部做盖针接合,袖下使用毛线缝针做挑针缝合。领口挑取指定数量的针目,环形编织单罗纹针。编织终点做单罗纹针收针。衣袖和身片做引拔接合。

8 页的作品 ★★★

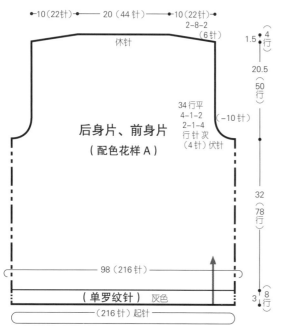

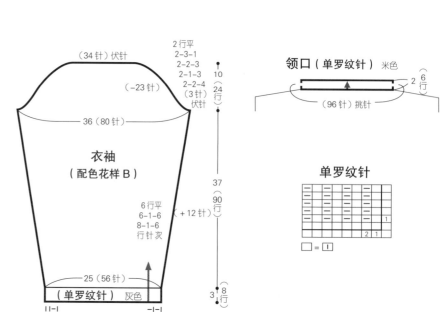

领口(单罗纹针) 米色

单罗纹针

□ = □

※ 全部使用8号针编织
※ 横向渡线编织配色花样的方法请参照93页
※ 前、后身片连在一起编织至袖隆
※ 袖隆最初的伏针要将前、后身片连在一起编织8针

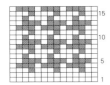

横向渡线编织配色花样的方法

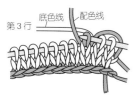

1 加入配色线后开始编织，用底色线编织2针，用配色线编织1针。

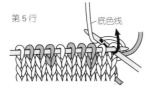

5 在每行的开始，都要将暂时不织的线夹入编织线后开始编织。

第3行

第5行

2 配色线在上，底色线在下渡线，重复"底色线织3针，配色线织1针"。

6 按照符号图，重复"配色线织3针，底色线织1针"。

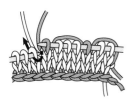

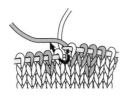

第4行

第6行

3 第4行的编织起点。夹住配色线编织第1针。

7 重复"配色线织1针，底色线织3针"。此行能编织出1个花样。

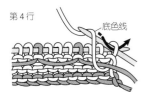

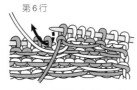

4 编织上针时也要配色线在上，底色线在下渡线。

8 2个千鸟格的花样编织完成的情形。

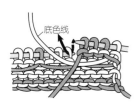

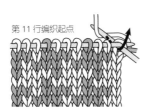

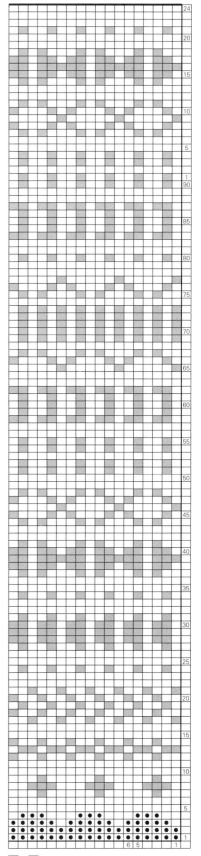

配色花样 A

配色花样 B

□ = □

配色 { ● = 灰色 / □ = 米色 / ▨ = 绿色 }

93

材料
NV Yarn NAMIBUTO、MOHAIR 毛线的色名、色号、用量请参照"使用线材一览表"，直径22mm的纽扣6颗

工具
棒针8号、6号

成品尺寸
胸围97cm，肩宽40cm，衣长61cm，袖长53.5cm

编织密度
10cm×10cm面积内：配色花样19.5针，24.5行

编织要点
●身片、衣袖…全部取1根NAMIBUTO线和

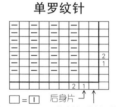

1根MOHAIR线并在一起编织。手指起针，编织单罗纹针和配色花样。采用纵向渡线的方法编织配色花样。前身片口袋处编入另线。减2针及以上时做伏针减针，减1针时立起侧边1针减针。袖下加针时，在1针内侧编织扭针加针。

●组合…解开另线挑针，编织口袋内片和袋口。口袋内片的编织终点做伏针收针，袋口的编织终点织下针织下针、上针织上针的伏针收针。肩部做盖针接合。前门襟、领口的起针和身片相同，编织单罗纹针。编织终点的收针和袋口相同，参照组合方法将其缝合于身片。衣袖与身片对齐针与行缝合。胁部、袖下使用毛线缝针做挑针缝合。缝上纽扣。

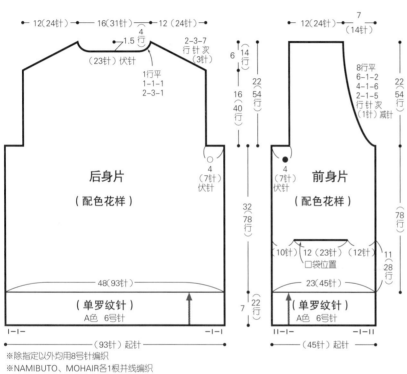

使用线材一览表

NAMIBUTO		MOHAIR	
色名（色号）	用量	色名（色号）	用量
熟褐色（14）	125g/4团	深紫色（105）	35g/2团
蕉黄色（7）	70g/2团	松绿色（107）	20g/1团
深绿色（10）	各55g/各2团	橙色（104）	各15g/各1团
琉璃色（11）		金黄色（106）	
橙色（8）	各50g/各2团	藏青色（108）	各15g/各1团
萌黄色（9）		黄褐色（110）	
深红色（5）	15g/1团	红色（103）	5g/1团

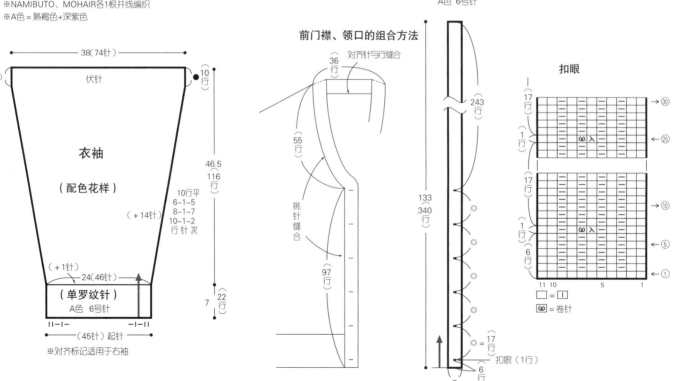

※除指定以外均用8号针编织
※NAMIBUTO、MOHAIR各1根并线编织
※A色＝熟褐色＋深紫色

配色花样的配色方法

后身片

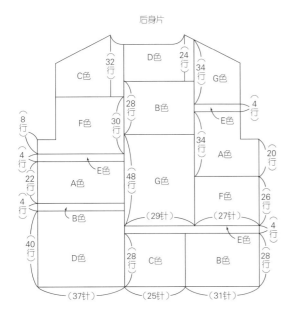

C色 32行
D色 24行
G色 34行
F色 30行
B色 28行
E色 4行
A色 34行
A色 4行 22行
E色 48行
G色
B色 4行
E色 4行
(29针) (27针)
D色 40行
C色 28行
B色 28行
(37针) (25针) (31针)

右前身片

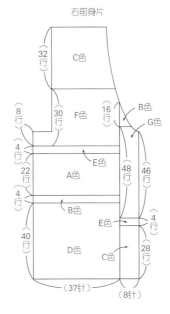

C色 32行
F色 30行 8行
B色 16行
G色
E色 4行
A色 22行 4行
E色 48行
A色 46行
B色 4行
E色 4行
D色 40行
C色 28行
(37针) (8针)

左前身片

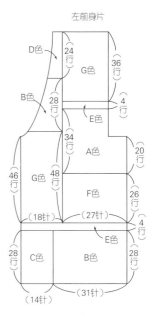

D色 24行
G色 36行
B色 28行
E色 4行
A色 34行
46行 G色 48行
F色 20行 26行
(18针) (27针) E色 4行
C色 28行
B色 28行
(14针) (31针)

衣袖 (8行)

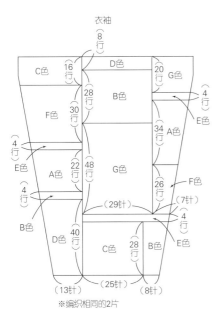

C色 16行
D色 20行
G色
B色 4行
F色 28行 30行
E色
4行 A色 34行
E色 4行 22行 48行
G色 F色 26行
B色 (29针) (7针)
D色 40行
C色 28行 B色
E色 4行
(13针) (25针) (8针)

※编织相同的2片

配色表

	NAMIBUTO	MOHAIR
A色	熟褐色(14)	深紫色(105)
B色	琉璃色(11)	橙色(104)
C色	橙色(8)	黄褐色(110)
D色	深绿色(10)	藏青色(108)
E色	深红色(5)	红色(103)
F色	萌黄色(9)	金黄色(106)
G色	蕉黄色(7)	松绿色(107)

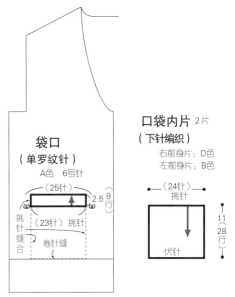

袋口（单罗纹针）
A色 6号针
(25针)
(23针) 挑针
2.5
8行
挑针缝合
卷针缝

口袋内片 2片（下针编织）
右前身片：D色
左前身片：B色
(24针) 挑针
11 28行
伏针

纵向渡线编织配色花样的方法

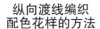
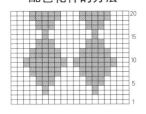

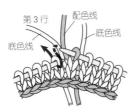

第3行
配色线
底色线
底色线
1 在菱形花样的尖端加线开始编织。

第4行
2 换为配色线时，从底色线下方渡线使其交叉。

第5行
3 换为底色线时也是如此，从下方渡线使其交叉。

第5行
4 看着正面编织的行，也要让编织线从下方渡线使其交叉。

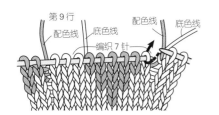

第9行
配色线
底色线
配色线
底色线
编织7针
5 这个花样是隔2行改变一下图案，因此在下针面针法会有变化。

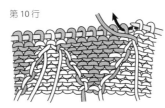

第10行
6 上针面使用和前一行相同颜色的线编织。换线时，让两种颜色的线交叉。

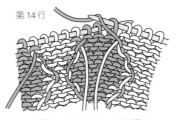

第14行
7 编织好14行的情形。反面如图所示。

材料

内藤商事 Laja 炭灰色（FJ1452）100g/2团，灰色（FJ1451）70g/2团，原白色（FJ1448）35g/1团；直径25mm的纽扣6颗

工具

棒针15号

成品尺寸

胸围97cm，肩宽41cm，衣长55cm，袖长51cm

编织密度

10cm×10cm面积内：条纹花样13针，20行

编织要点

●身片、衣袖…手指起针，编织条纹花样。

减2针及以上时做伏针减针，减1针时立起侧边1针减针。袖下加针时，在1针内侧编织扭针加针。下摆、袖口挑取指定数量的针目，编织双罗纹针。编织终点做下针织下针、上针织上针的伏针收针。

●组合…肩部做盖针接合。领口、前门襟挑取指定数量的针目，编织双罗纹针。右前门襟开扣眼。编织终点的收针和下摆相同。衣袖与身片做引拔接合，腋下对齐针与行缝合。胁部、袖下使用毛线缝针做挑针缝合。缝上纽扣。

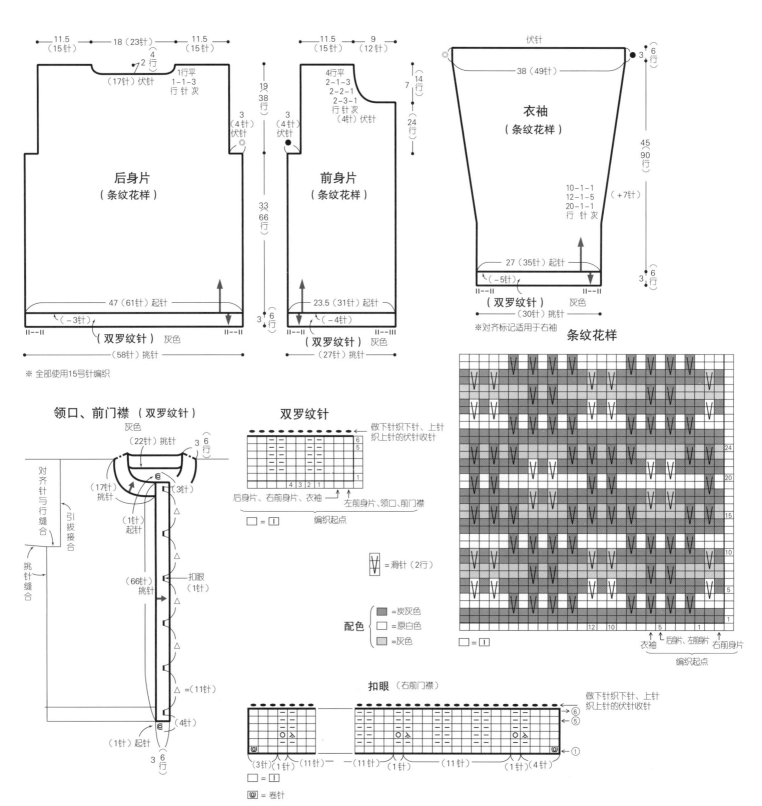

材料
[帽子] NV Yarn NAMIBUTO 茶褐色65g/2团，MOHAIR 黑色（112）20g/1团
[长腕手套] NV Yarn NAMIBUTO 茶褐色50g/2团，MOHAIR 黑色（112）、白绸色（101）各5g/各1团

工具
棒针6号

成品尺寸
[帽子] 头围52cm，帽深25cm
[长腕手套] 掌围20cm，长26.5cm

编织密度
10cm×10cm面积内：配色花样A 24针，

24.5行；配色花样B、C均为23针，26.5行

编织要点
● 帽子…手指起针，环形做编织花样、配色花样A和下针编织。采用横向渡线的方法编织配色花样。参照图示分散减针。最终行穿线并收紧。制作绒球，缝在指定位置。
● 长腕手套…手指起针，环形编织双罗纹针条纹，配色花样B、C。采用横向渡线的方法编织配色花样。拇指位置编入另线。继续编织双罗纹针，编织终点做双罗纹针收针。拇指解开另线挑针，编织双罗纹针。编织终点做双罗纹针收针。

12 页的作品 ★★★

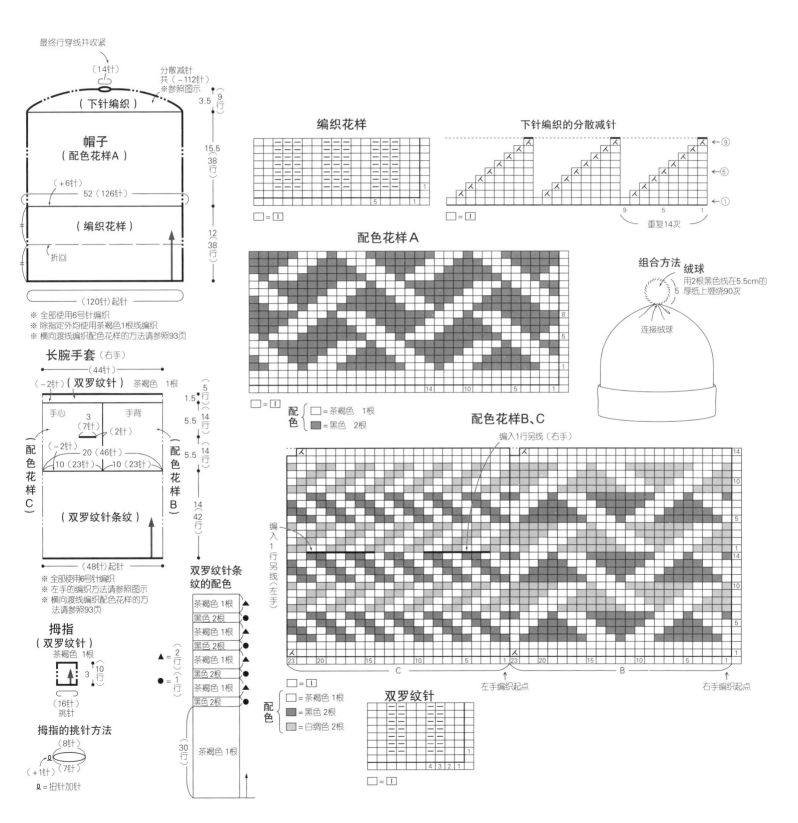

97

材料
手织屋 Royal Baby Alpaca 浅灰色（12）320g，
Wool Yasan Silk 灰色（9）100g
工具
棒针4号、3号
成品尺寸
胸围118cm，衣长61cm，连肩袖长70cm
编织密度
10cm×10cm面积内：编织花样25针，33行

编织要点
●身片、衣袖…手指起针，做下针编织和编织花样，注意下摆下针编织的端头第4针编织上针。减2针及以上时做伏针减针，减1针时立起侧边1针减针。加针时，在1针内侧编织扭针加针。
●组合…肩部做盖针接合。领口挑取指定数量的针目，编织起伏针，编织终点做上针的伏针收针。衣袖与身片对齐针与行缝合。胁部、袖下使用毛线缝针做挑针缝合。

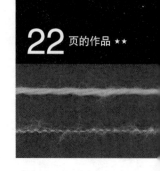
22 页的作品 ★★

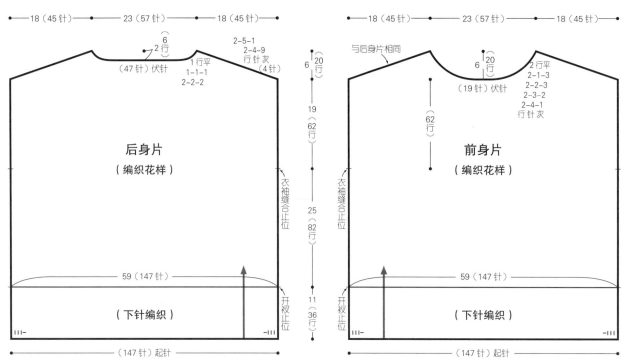

※除指定以外均用4号针编织
※全部各取1根浅灰色线和灰色线编织

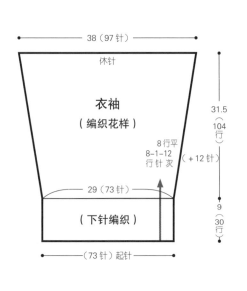

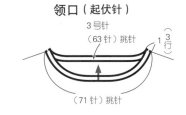

领口（起伏针）

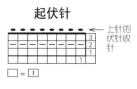

起伏针

编织花样

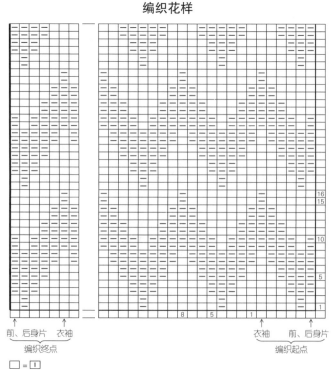

材料
手织屋 Moke Wool B 浅黄色（13）485g，直径15mm的纽扣5颗

工具
棒针9号

成品尺寸
胸围103.5cm，肩宽38cm，衣长55.5cm，袖长53cm

编织密度
10cm×10cm面积内：编织花样17针，24.5行

编织要点
●身片、衣袖…手指起针，编织单罗纹针、编织花样。加针时，在1针内侧编织扭针加针。减2针及以上时做伏针减针，减1针时立起侧边1针减针。
●组合…肩部做盖针接合，胁部、袖下使用毛线缝针做挑针缝合。前门襟、领口的起针和身片相同，编织单罗纹针。右前门襟开扣眼。前门襟、领口的编织终点休针，将2片对齐做盖针接合。领口、前门襟与身片的连接使用挑针缝合和对齐针与行缝合的方法。衣袖和身片做引拔接合。缝上纽扣。

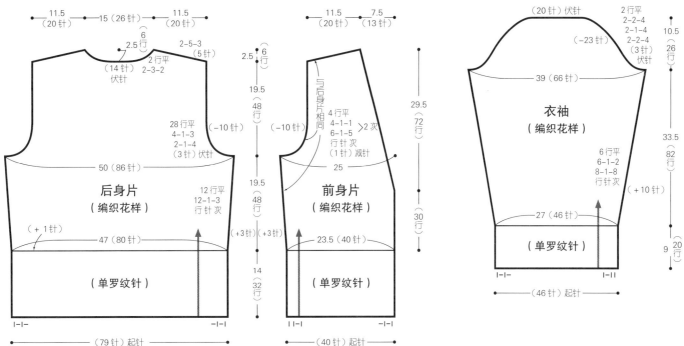

后身片（编织花样）
前身片（编织花样）
衣袖（编织花样）
（单罗纹针）

※ 全部使用9号针编织

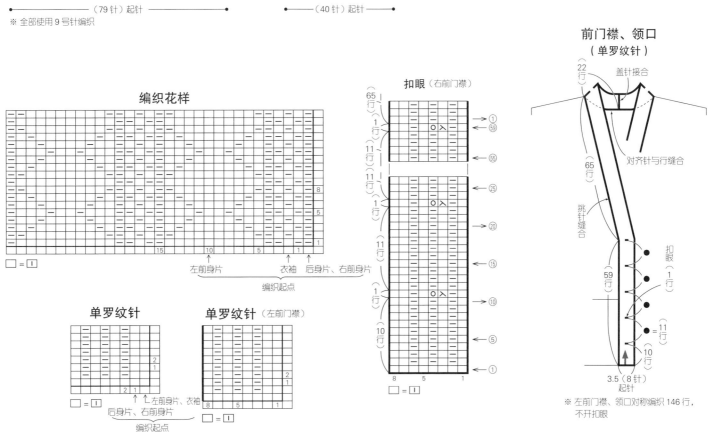

编织花样

左前身片　衣袖　后身片、右前身片
编织起点

□ = ┃

单罗纹针

单罗纹针（左前门襟）

后身片、右前身片　衣袖　左前身片
编织起点

□ = ┃

扣眼（右前门襟）

□ = ┃

前门襟、领口（单罗纹针）

盖针接合
对齐针与行缝合
挑针缝合
扣眼

※ 左前门襟、领口对称编织146行，不开扣眼。

材料
毛线 Pierrot PUNO 海军蓝色（1340）220g/5
团，月灰色（1310）105g/3 团
工具
棒针 15 号、13 号
成品尺寸
胸围 114cm，衣长 58cm，连肩袖长 65.5cm
编织密度
10cm×10cm 面积内：编织花样 A、B 均为
12.5 针，20 行

编织要点
●身片、衣袖…身片手指起针，编织起伏针、编织花样 A。领窝减针时做伏针减针。身片编织相同的 2 片。肩部做盖针接合。衣袖从身片挑针，做编织花样 B、编织花样 A 和起伏针。编织终点做伏针收针。
●组合…领口挑取指定数量的针目，环形编织起伏针。编织终点的收针和袖口相同。胁部、袖下使用毛线缝针做挑针缝合。

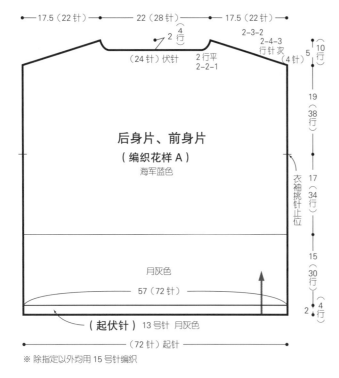

后身片、前身片
（编织花样 A）
海军蓝色

月灰色

57（72 针）

（起伏针）13 号针 月灰色

（72 针）起针

※除指定以外均用 15 号针编织

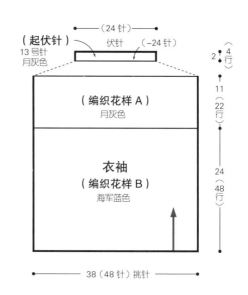

（起伏针）
13 号针
月灰色

（编织花样 A）
月灰色

衣袖
（编织花样 B）
海军蓝色

38（48 针）挑针

领口
（起伏针）
13 号针 海军蓝色

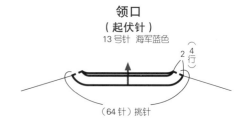

（64 针）挑针

编织花样 A

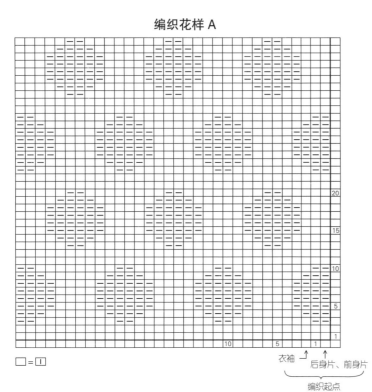

□ = □

衣袖　后身片、前身片

编织起点

起伏针

□ = □

编织花样 B

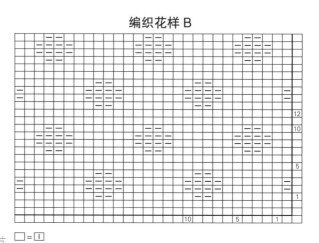

□ = □

100

材料
毛线 Pierrot Nuage 沙米色(9) 545g/14 团,
直径15mm 的纽扣 6 颗

工具
棒针 9 号、8 号、6 号

成品尺寸
胸围126cm,衣长55.5cm,连肩袖长73.5cm

编织密度
10cm×10cm面积内:桂花针 16.5针,28.5
行;下针编织 19针,25.5行

编织要点
●身片、衣袖…身片手指起针,编织单罗纹

针、桂花针。领窝减针时,2 针及以上时做
伏针减针,1 针时立起侧边1针减针。肩部
做盖针接合。衣袖从身片挑针,做下针编织
和单罗纹针。袖下减针时,立起侧边2针减
针,编织终点做下针织下针、上针织上针的
伏针收针。
●组合…前门襟、领口挑取指定数量的针目,
编织单罗纹针。右前门襟开扣眼。编织终点
的收针和袖口相同。胁部、袖下使用毛线缝
针做挑针缝合。缝上纽扣。

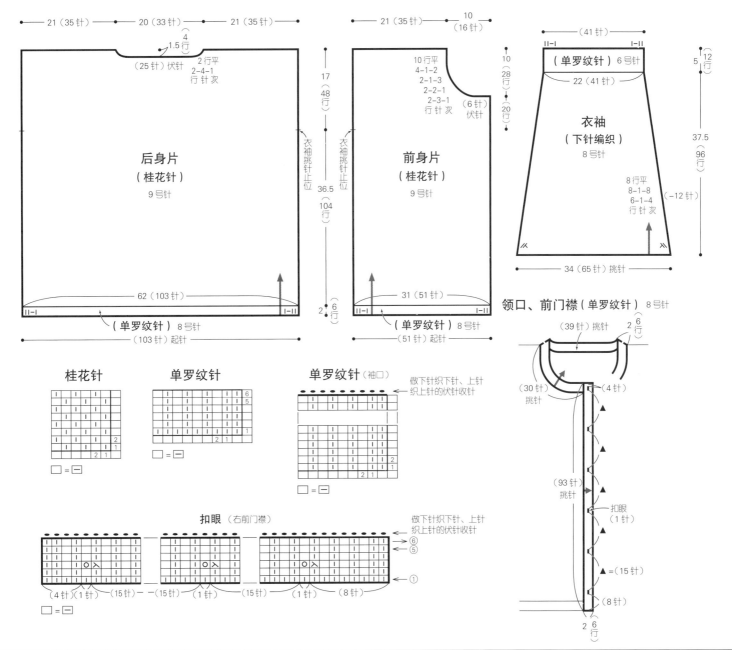

后身片
（桂花针）
9号针

前身片
（桂花针）
9号针

衣袖
（下针编织）
8号针

21（35针）　20（33针）　21（35针）
（25针）伏针
4
1.5行
2行平
2-4-1
行 针 次

21（35针）　10（16针）
10行平
4-1-2
2-1-3
2-2-1
2-3-1
行 针 次
（6针）
伏针

17
48行

衣袖挑针止位
衣袖挑针止位

36.5
104行

62（103针）

31（51针）

2
6行

（单罗纹针）8号针
（103针）起针

（单罗纹针）8号针
（51针）起针

10
（28行）

20行

（41针）
ll-l　l-ll
（单罗纹针）6号针
22（41针）

5
12
行

37.5
96行

8行平
8-1-8
6-1-4
行 针 次
（-12针）

34（65针）挑针

桂花针

单罗纹针

单罗纹针（袖口）
做下针织下针、上针
织上针的伏针收针

领口、前门襟（单罗纹针）8号针

（39针）挑针
2
6行
（30针）
挑针
（4针）
（93针）
挑针
扣眼
（1针）
▲=（15针）
（8针）
2
6行

扣眼（右前门襟）
做下针织下针、上针
织上针的伏针收针
6
5
1
（4针）（1针）（15针）（15针）（1针）（15针）（15针）（1针）（8针）
□=□

▶上接102页

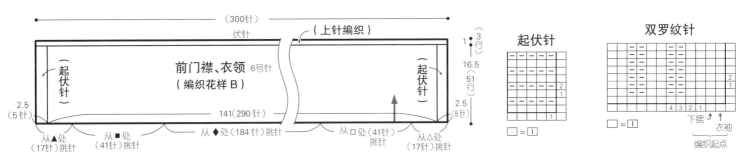

前门襟、衣领 6号针
（编织花样 B）
（300针）
伏针
（上针编织）
（起伏针）
（起伏针）
2.5（5针）
141（290针）
2.5（5针）
从▲处（17针）挑针
从■处（41针）挑针
从○处（184针）挑针
从□处（41针）挑针
从△处（17针）挑针
1
3
行
16.5
51行

起伏针

双罗纹针
□=□
下摆↑
衣袖
编织起点

101

材料
奥林巴斯 Primeur 灰色（7）440g/11团
工具
棒针6号、4号
成品尺寸
衣长64cm，连肩袖长62.5cm
编织密度
10cm×10cm面积内：编织花样A 21针，
30.5行

编织要点
●身片、衣袖…手指起针，做编织花样A。编织终点做伏针收针。下摆、衣袖挑取指定数量的针目，编织双罗纹针。袖下减针时，立起侧边2针减针。编织终点做下针织下针、上针织上针的伏针收针。
●组合…分别对齐☆、◎、★、●标记，使用毛线缝针做挑针缝合。前门襟、衣领挑取指定数量的针目，编织起伏针、编织花样B、上针编织。编织终点松松地做伏针收针。

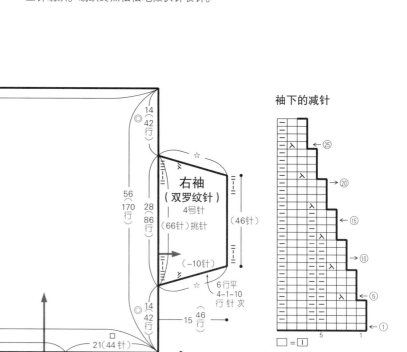

袖下的减针

※ 分别对齐☆、◎、★、●标记,使用毛线缝针做挑针缝合

编织花样 A

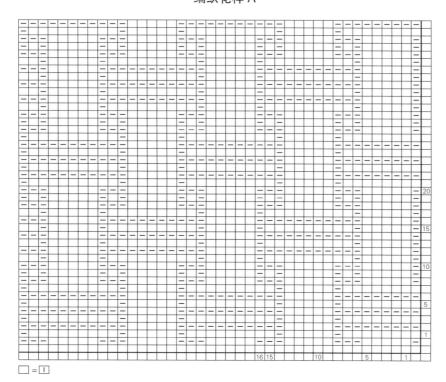

□ = ☐

编织花样 B

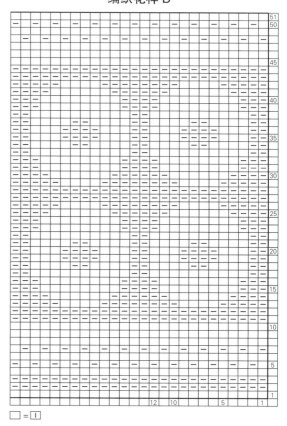

□ = ☐

下转 101 页 ▶

材料
奥林巴斯 Tree House Ground 藏青色(308)
580g/15团
工具
棒针9号
成品尺寸
胸围108cm，衣长57cm，连肩袖长74cm
编织密度
10cm×10cm面积内：下针编织及编织花样
A、C均为18针，24行；编织花样B 18针，
27行

编织要点
●身片、衣袖…手指起针，做边缘编织，下针编织和编织花样A、B、C。领窝减针时，2针及以上时做伏针减针，1针时立起侧边1针减针。袖下加针时，在1针内侧编织扭针加针。
●组合…肩部做盖针接合，胁部、袖下使用毛线缝针做挑针缝合。领口挑取指定数量的针目，环形编织边缘编织，编织终点从反面做伏针收针。衣袖和身片做引拔接合。

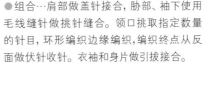
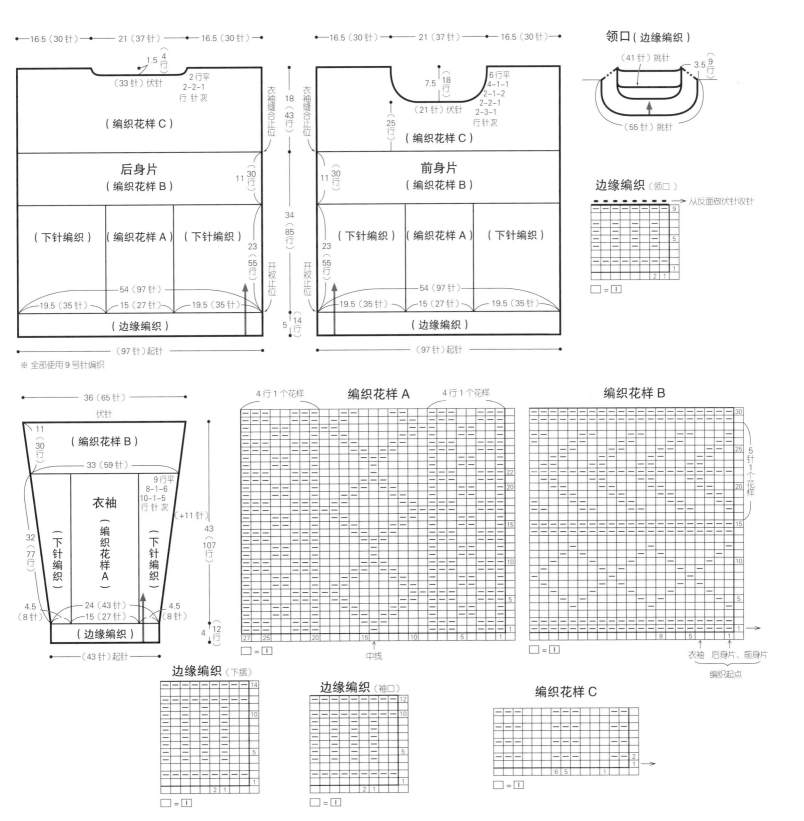

※ 全部使用9号针编织

材料
和麻纳卡 Of Course！Big、Sonomono〈超级粗〉、Amerry、Amerry F〈粗〉、Mohair、Emperor 等毛线的色名、色号、用量及辅材等请参照下表

工具
钩针 10/0 号、5/0 号、4/0 号，蕾丝针 2 号

成品尺寸
参照图示

编织要点
●参照图示编织各部件。参照组合方法图组合。

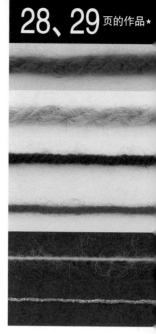

毛线用量及辅材表

	用线	色名（色号）	用量	辅材
雪人	Amerry	白色（51）	16g/1团	
		蓝色（46）	2g/1团	眼睛 5mm 黑色（H221-305-1）1对 填充棉适量
		红色（5）	少许/1团	
	Amerry F〈粗〉	橙色（507）	少许/1团	
圣诞老人	Amerry	红色（5）	11g/1团	
		米色（21）	5g/1团	
		白色（51）	少许/1团	眼睛 5mm 黑色（H221-305-1）1对 填充棉适量
		黑色（52）	少许/1团	
		黄色（31）	少许/1团	
	Mohair	乳白色（61）	少许/1团	
雪花（3片）	Emperor	银色（1）	少许/1团	天蚕丝 10cm×3根
圣诞球（各2个）	Amerry F〈粗〉	红色（508）	7g/1团	天蚕丝 10cm×4根　填充棉适量
		胭红色（509）	7g/1团	

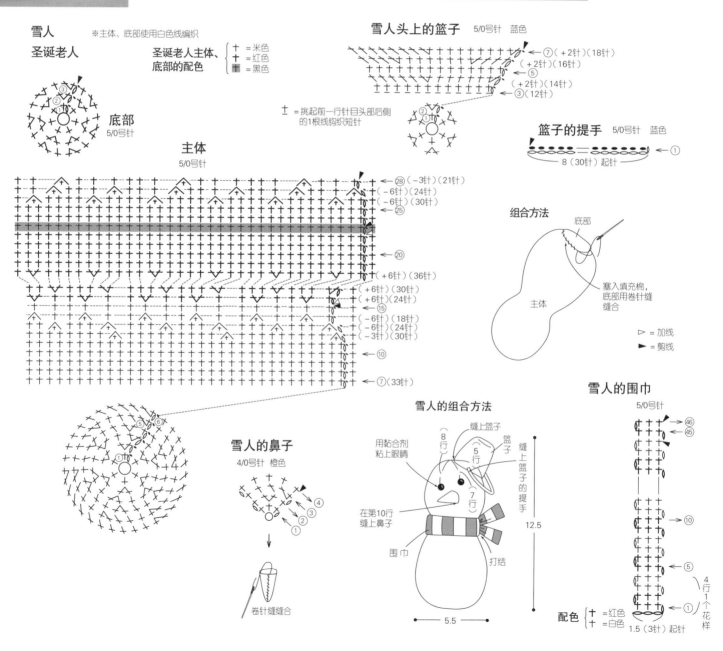

雪人
圣诞老人
※主体、底部使用白色线编织

圣诞老人主体、底部的配色 ┤ 十 = 米色　十 = 红色　十 = 黑色

底部
5/0号针

雪人头上的篮子　5/0号针　蓝色
⑦（+2针）（18针）
（+2针）（16针）
⑤
（+2针）（14针）
③（12针）

十 = 挑起前一行针目头部后侧的1根线钩织短针

篮子的提手　5/0号针　蓝色
8（30针）起针　①

主体
5/0号针
㉘（-3针）（21针）
（-6针）（24针）
（-6针）（30针）
㉕
⑳
（+6针）（36针）
（+6针）（30针）
（+6针）（24针）
⑮
（-6针）（18针）
（-6针）（24针）
（-3针）（30针）
⑩
⑦（33针）

组合方法
底部
塞入填充棉，底部用卷针缝缝合
主体
▷ = 加线
► = 剪线

雪人的鼻子
4/0号针　橙色
④
③
②
①
卷针缝缝合

雪人的组合方法
缝上篮子
（8行）
篮子
（5行）
缝上篮子的提手
用粘合剂粘上眼睛
（7行）
在第10行缝上鼻子
围巾
打结
5.5

雪人的围巾
5/0号针
㊻
㊺
⑩
⑤
①
4行1个花样
12.5
配色 ┤ 十 = 红色　十 = 白色
1.5（3针）起针

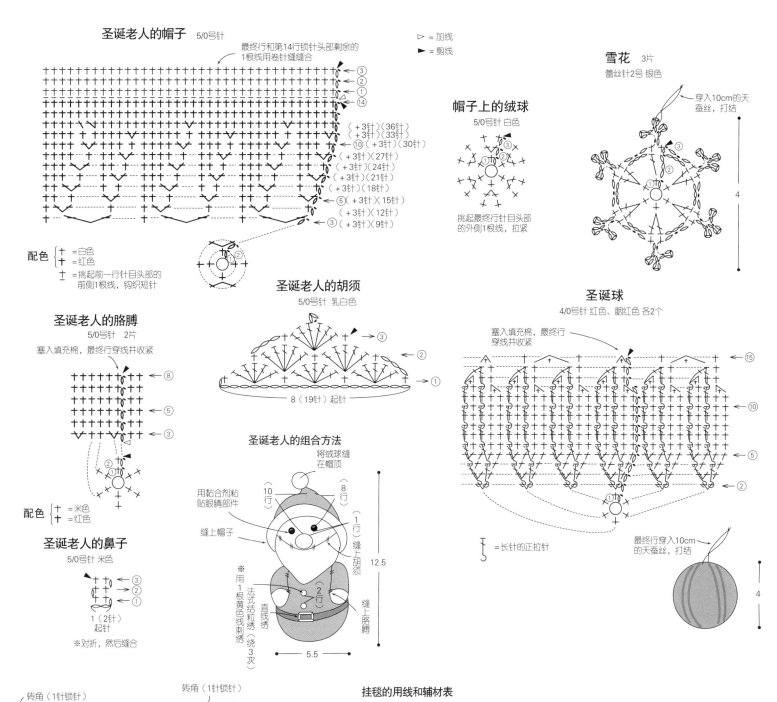

圣诞老人的帽子 5/0号针

最终行和第14行锁针头部剩余的1根线用卷针缝缝合

▷ = 加线
▶ = 剪线

配色 { 十 =白色 十 =红色 }
十 =挑起前一行针目头部的前侧1根线,钩织短针

{ +3针 }(36针)
{ +3针 }(33针)
⑩(+3针)(30针)
(+3针)(27针)
(+3针)(24针)
(+3针)(21针)
(+3针)(18针)
⑤(+3针)(15针)
(+3针)(12针)
③(+3针)(9针)

帽子上的绒球 5/0号针 白色

挑起最终行针目头部的外侧1根线,拉紧

雪花 3片
蕾丝针2号 银色

穿入10cm的天蚕丝,打结

4

圣诞老人的胳膊 5/0号针 2片
塞入填充棉,最终行穿线并收紧

配色 { 十 =米色 十 =红色 }

圣诞老人的鼻子 5/0号针 米色

1(2针)起针

※对折,然后缝合

圣诞老人的胡须 5/0号针 乳白色

8(19针)起针

圣诞老人的组合方法

将绒球缝在帽顶
用粘合剂粘贴眼睛部件
缝上帽子
10行
8行
1行 缝上胡须
用1根黄色线刺绣
法式结粒绣
直线绣
2行 缝上胳膊
12.5
5.5

圣诞球 4/0号针 红色、胭红色 各2个

塞入填充棉,最终行穿线并收紧

⑮
⑩
⑤
②
①

= 长针的正拉针

最终行穿入10cm的天蚕丝,打结

4

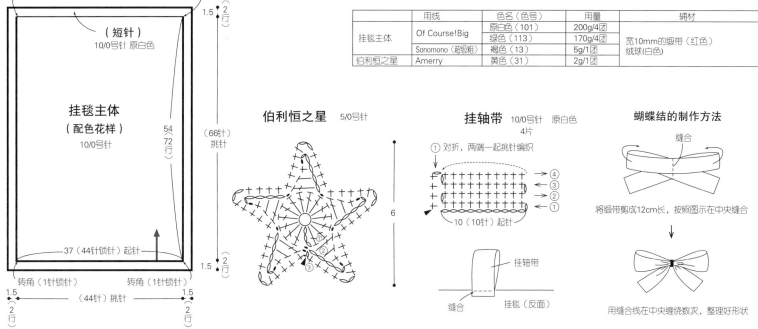

挂毯主体（配色花样）10/0号针

转角(1针锁针)
转角(1针锁针)
（短针）
10/0号针 原白色

1.5 2行
(66针)挑针

54(72行)

37(44针锁针)起针

转角(1针锁针)
转角(1针锁针)

1.5 2行
(44针)挑针
1.5 2行

挂毯的用线和辅材表

	用线	色名（色号）	用量	辅材
挂毯主体	Of Course!Big	原白色（101）	200g/4团	宽10mm的缎带（红色）绒球(白色)
		绿色（113）	170g/4团	
	Sonomono〈超级粗〉	褐色（13）	5g/1团	
伯利恒之星	Amerry	黄色（31）	2g/1团	

伯利恒之星 5/0号针

6

挂轴带 10/0号针 原白色 4片

① 对折,两端一起挑针编织
④
③
②
①
10(10针)起针

挂轴带
缝合
挂毯（反面）

蝴蝶结的制作方法

缝合

将缎带剪成12cm长,按照图示在中央缝合

用缝合线在中央缠绕数次,整理好形状

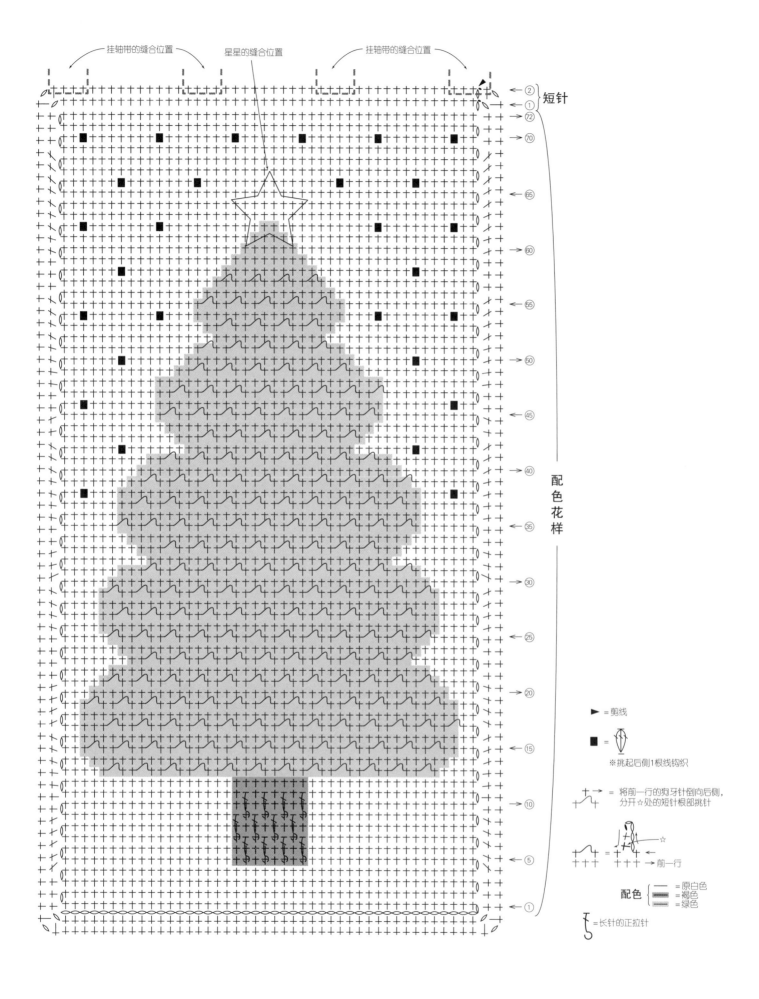

材料

Lana Gatto Alpaca Superfine 灰色(7612) 90g/2 团，胭红色(8477) 40g/1 团

工具

棒针 8mm

成品尺寸

长 16.5cm

编织密度

编织花样A、A'为10针7cm，14行10cm；

10cm×10cm面积内：编织花样B 10针，14行；起伏针10针，24行

编织要点

● 手指起针，环形编织条纹花样A，编织花样A、A'、B和起伏针。参照图示减针。领口编织条纹花样B。编织终点做上针的伏针收针。

迷你斗篷

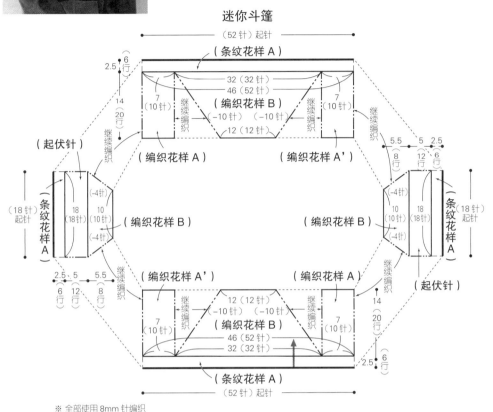

领口
（条纹花样B）

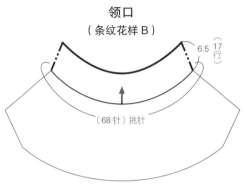

※ 全部使用 8mm 针编织
※ 除指定以外均用灰色线编织
※ 共（140针）起针

条纹花样B

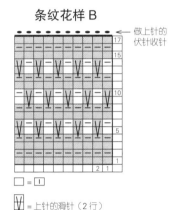

□ = ☐

V = 上针的滑针（2行）

※编织方法请参照 88 页

配色 ⬜灰色 = 灰色 / ▩ = 胭红色

迷你斗篷的分散减针

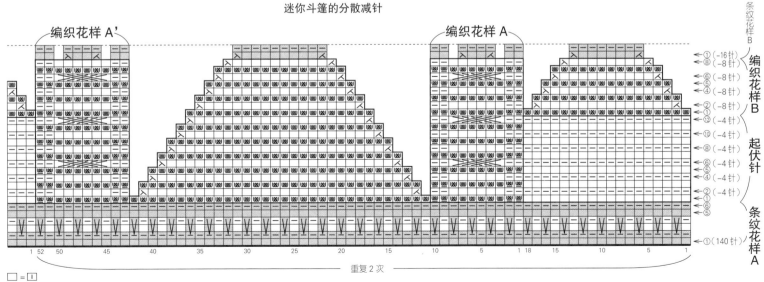

编织花样A'

编织花样A

重复 2 次

□ = ☐

V = 上针的滑针（2行）

= 上针的绕线编（绕2次）

= 绕线编（绕2次）

配色 ▩=胭红色 ⬜=灰色

材料

Lana Gatto Alpaca Superfine 蓝色(8138) 30g/1团,长谷川商店 Seika 原白色(02)、烟灰 色(18) 各20g/各1团;直径24mm和18mm的手工艺用塑料环各2个

工具

棒针9mm,钩针7/0 号

成品尺寸

宽15cm,长72cm

编织密度

10cm×10cm面积内:条纹花样12针,23.5行

编织要点

●使用无堵头棒针编织。手指起针,编织起伏针和条纹花样。在指定位置开扣眼,编织终点做伏针收针。将24mm和18mm的塑料环重叠着拿好,钩织短针包住,制作纽扣。将纽扣缝在指定位置,完成。

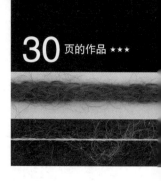

30 页的作品 ★★★

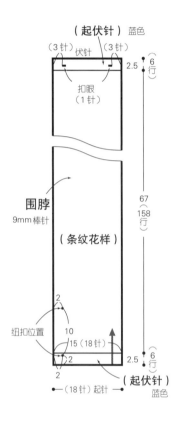

（起伏针）蓝色

（3针）伏针（3针）

2.5 6行

扣眼（1针）

围脖 9mm棒针

（条纹花样）

67 （158行）

2

纽扣位置

10

15（18针）

2

2

2.5 6行

（起伏针）蓝色

—（18针）起针

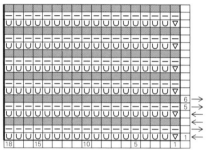

条纹花样

□ = Ⅰ

▽、U = 参照下面的解说图

配色
- ▨ = 蓝色
- □ = 原白色、烟灰色各取 2 根共 4 根线

纽扣 2 颗 7/0 号针

原白色、烟灰色线各取 2 根共 4 根线
大小塑料环各 1 个重叠在一起包住钩织

（23针）

※ 翻到正面,缝合在指定位置

► = 剪线

3

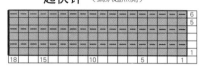

起伏针 （编织起点侧）

18 15 10 5 1

□ = Ⅰ

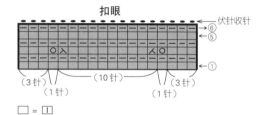

扣眼

伏针收针

（3针）（10针）（3针）

（1针）（1针）

□ = Ⅰ

条纹花样的编织方法

▽

1 编织下针,不要从左棒针上取下针目。

2 如箭头所示将右棒针插入左棒针上的针目中,将针目移走。

3 用步骤 1 编织的针目盖住步骤 2 移过来的针目。

4 端头的针目织好了。

U

5 第 2 针开始用拇指挂线,按照步骤 1 的方法编织下针。

6 如箭头所示插入左棒针上的针目,直接移至右棒针上。

7 用步骤 5 中编织的针目盖住步骤 6 移过来的针目。

8 退出拇指。重复步骤 5 ~ 8。

材料
野吕英作 雅系列 紫色、蓝色、绿色、褐色系
（1）360g/4桄，直径20mm的纽扣6颗
工具
棒针8号
成品尺寸
胸围97cm，衣长59cm，连肩袖长71cm
编织密度
10cm×10cm面积内：编织花样A、B、C均
为17针，25行
编织要点
●身片、衣袖…手指起针从衣袖开始编织。
衣袖做上针编织、编织花样A。上针编织
第1行将成为反面行，需要注意。袖下加针

时，在左右两边3针内侧分别编织右加针、
左加针。编织终点休针。身片起针方法和衣
袖相同，做上针编织和编织花样B。编织花
样B在4处指定位置纵向渡线编织，所以要
事先分好5个线团，编织起点相邻的线团的
颜色尽量不同。
●组合…育克挑取指定数量的针目，一边
分散减针，一边做编织花样C。编织花样C
接着编织花样B的线团编织。领口做上针
编织，编织终点做上针的伏针收针。袖下
使用毛线缝针做挑针缝合，腋下针目做下
针的无缝缝合。前门襟挑取指定数量的针
目，做上针编织。右前门襟开扣眼。编织
终点的收针和领口相同。缝上纽扣。

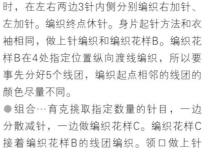

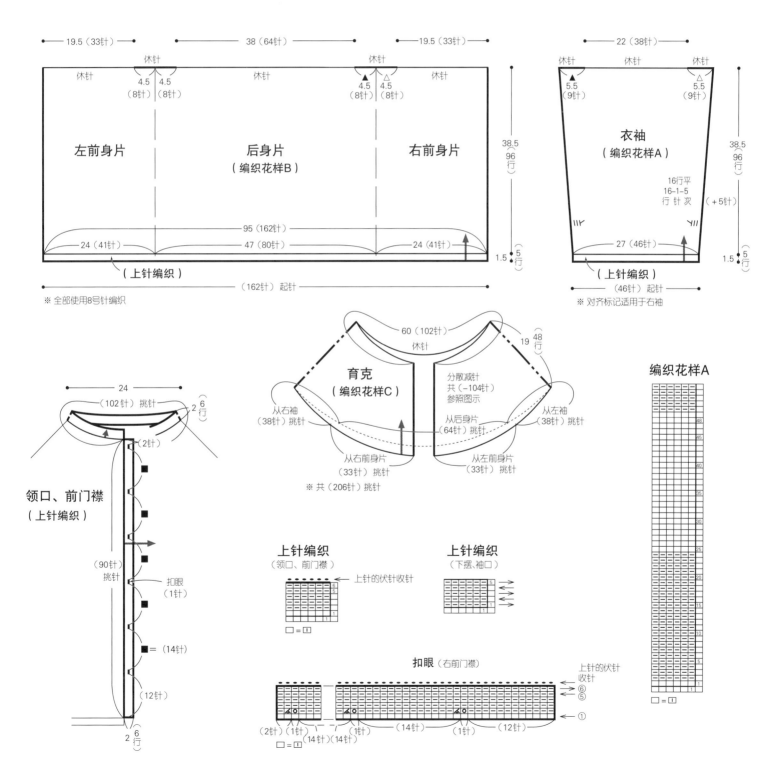

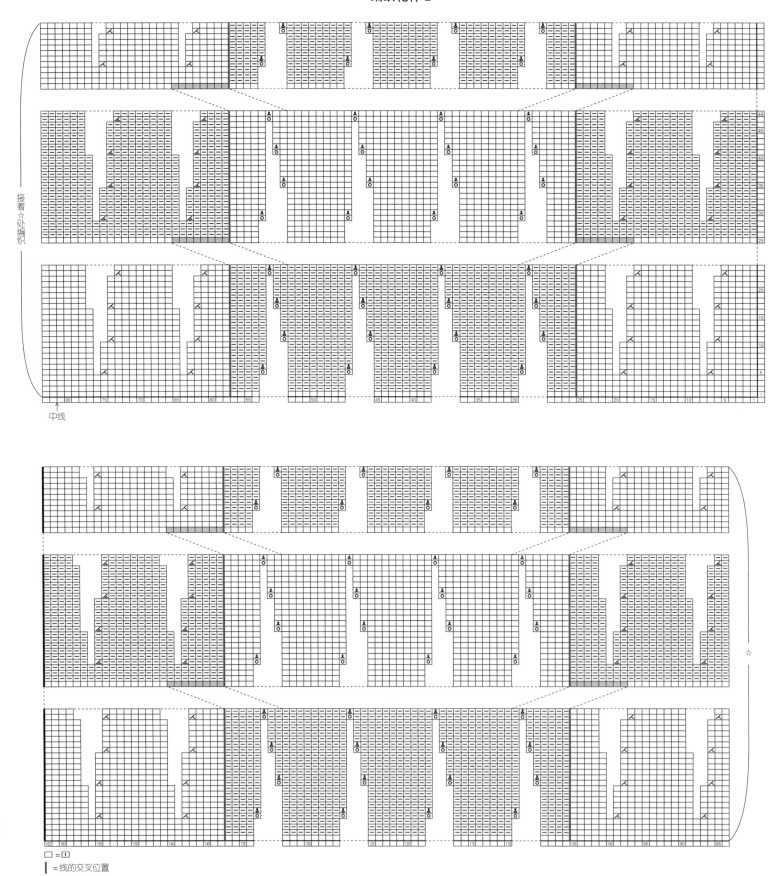

编织花样 C 的分散减针（育克）

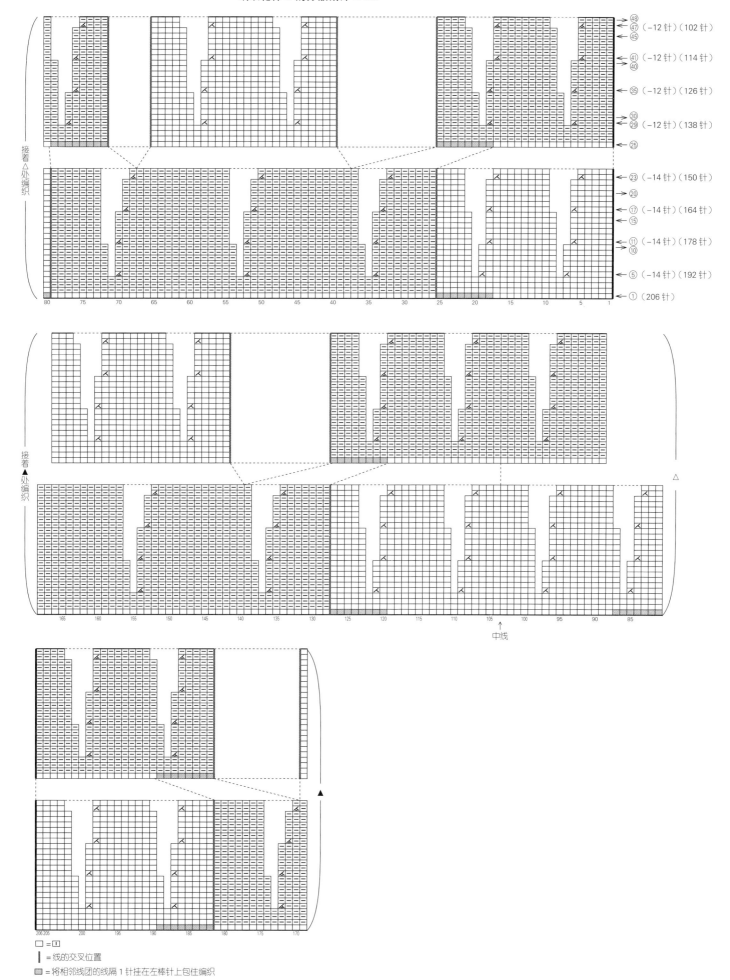

材料
野吕英作 Yugure 粉色系（5）500g/5团，
22mm×11mm的纽扣7颗
工具
棒针7号、6号、5号，钩针5/0号
成品尺寸
胸围99cm，肩宽38cm，衣长61.5cm，袖
长54.5cm
编织密度
10cm×10cm面积内：下针编织19.5针，
28行（7号针）
编织要点
●身片、衣袖、口袋…单罗纹针起针，编织
单罗纹针、下针编织。胁部减针时，端头第
2针和第3针编织2针并1针。胁、袖下参照

图示编织加针。袖隆、领窝、袖山减针时，
2针及以上时做伏针减针，1针时立起侧边1
针减针。口袋编织终点做伏针收针，缝在指
定位置。
●组合…肩部做盖针接合，胁部、袖下使用
毛线缝针做挑针缝合。领口挑取指定数量的
针目，编织单罗纹针，编织终点做单罗纹针
收针。右前门襟上侧、左前门襟、腰带的起
针和身片相同，编织单罗纹针，编织终点的
收针和领口相同。右前门襟上侧和左前门襟
使用毛线缝针做挑针缝合于身片。右前门襟
下侧从右前门襟上侧的缝合处挑针，做下针
编织，记得开扣眼。编织终点做伏针收针。
编织流苏和腰带襻，缝在指定位置。衣袖和
身片做引拔接合。缝上纽扣。

32 页的作品 ★★★

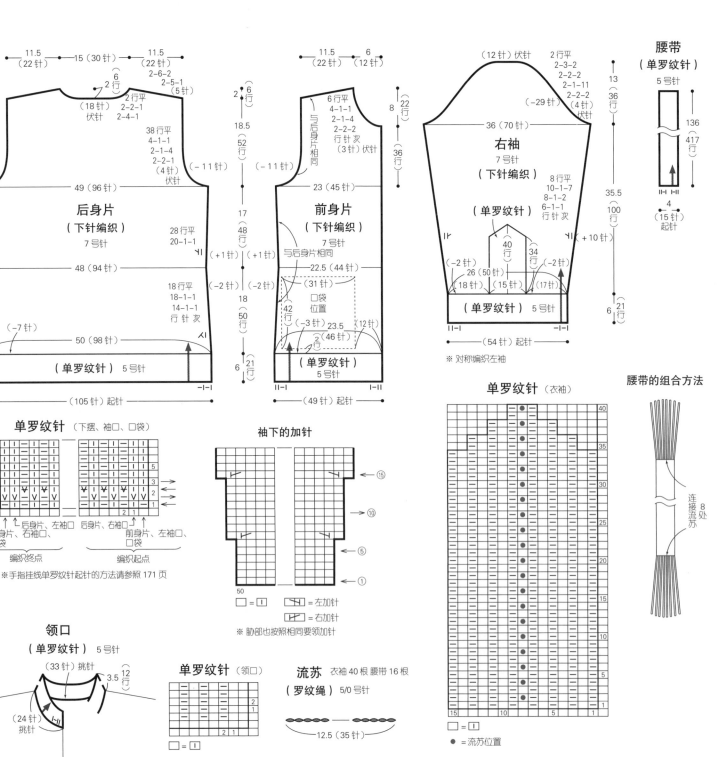

※手指挂线单罗纹针起针的方法请参照171页

※对称编织左袖

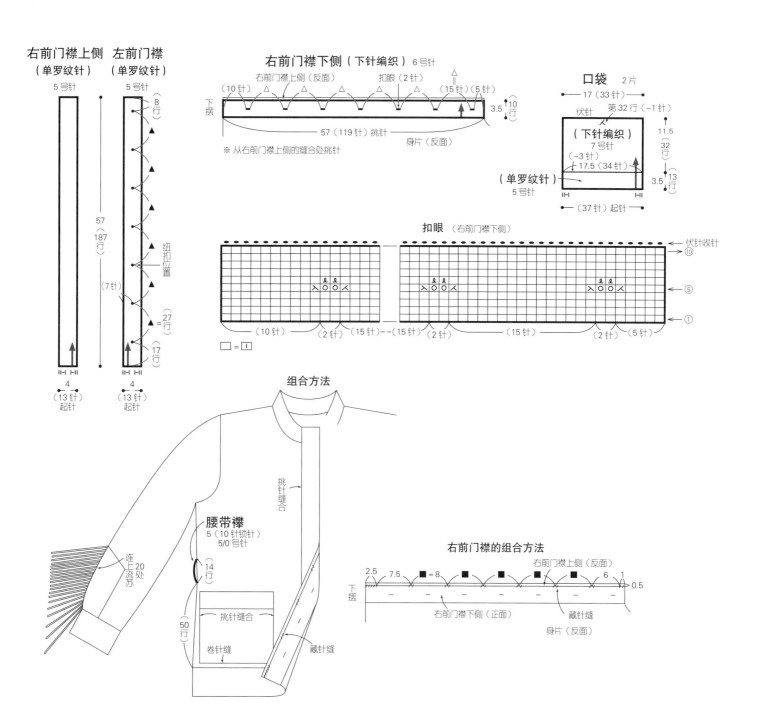

右前门襟上侧　左前门襟
（单罗纹针）　（单罗纹针）

右前门襟下侧（下针编织）6号针

口袋　2片

组合方法

右前门襟的组合方法

材料

Rich More Alpaca Leggero 白色(1)

[S号] 215g/5团

[M号] 230g/5团

[L号] 250g/5团

[XL号] 265g/6团

工具

棒针10号、8号

成品尺寸

[S号] 胸围88cm，衣长56cm，连肩袖长
72.5cm

[M号] 胸围96cm，衣长57cm，连肩袖长
74.5cm

[L号] 胸围107cm，衣长58cm，连肩袖长
77cm

[XL号] 胸围113cm，衣长59cm，连肩袖长
79.5cm

编织密度

10cm×10cm面积内:下针编织19针,25行;
编织花样1个花样23针8cm，25行10cm

编织要点

●手指起针，衣领环形编织单罗纹针。从衣
领指定位置挑针，肩部育克做编织花样。从
衣领和肩部育克挑针，一边做引返编织，一
边编织领窝和肩部。育克圆形做下针编织、
编织花样，参照图示加针。从育克和腋下的
另线锁针挑针，前、后身片环形做下针编织。
前身片在下针编织的最终行和事先手指起
针编织的口袋重叠着编织。下摆编织单罗
纹针，编织终点做单罗纹针收针。衣袖从育
克和腋下的另线锁针挑针，环形做下针编织、
编织花样和单罗纹针。参照图示减针，编织
终点的收针和下摆相同。口袋侧面使用毛线
缝针做挑针缝合。

52 页的作品 ★★★★

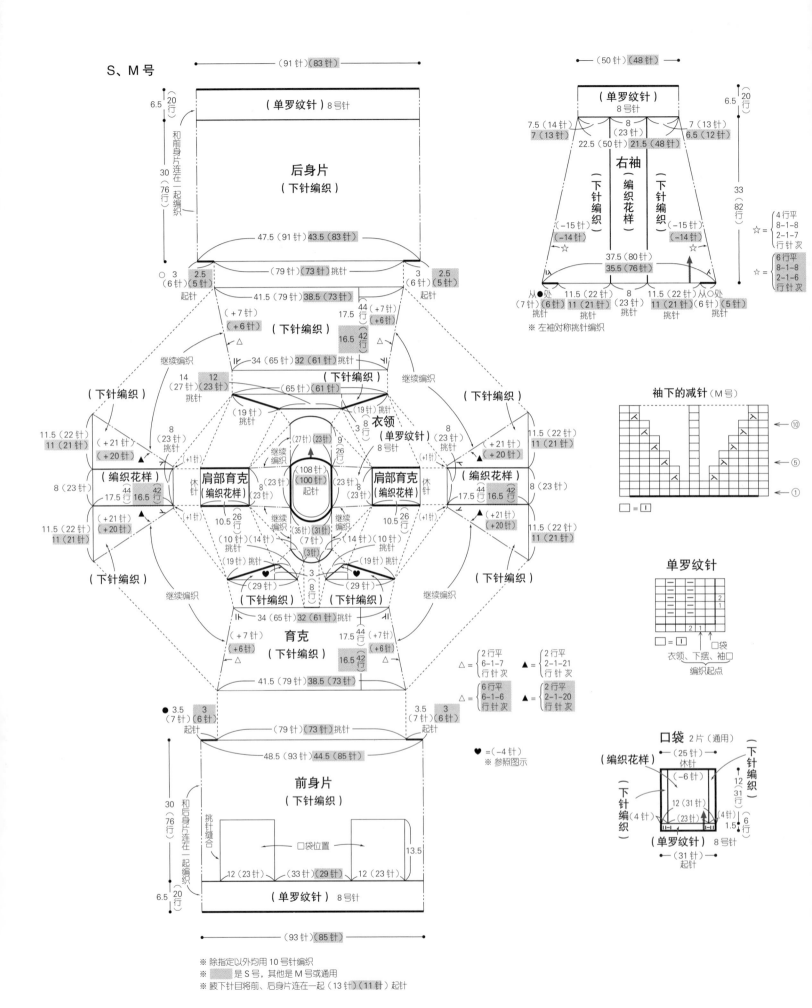

S、M号

（91针）（83针）

6.5 {20行}

和前身片连在一起编织

30（76行）

（单罗纹针）8号针

后身片
（下针编织）

47.5（91针）43.5（83针）

○ 3（6针）2.5（5针）起针

（79针）（73针）挑针

41.5（79针）38.5（73针）

3（6针）2.5（5针）起针

17.5 44行+6行

（+7针）（+6针）

（下针编织）

16.5 42行

△

34（65针）32（61针）挑针

（下针编织）

（下针编织）

14（27针）12（23针）挑针

（65针）（61针）

（下针编织）

（19针）挑针

衣领
（单罗纹针）
8号针

（19针）挑针

（下针编织）

11.5（22针）11（21针）

8（23针）挑针

（+21针）（+20针）▲（+1针）

继续编织

8（23针）挑针

（+1针）

8（23针）

（27针）（23针）

继续编织

（108针）（100针）起针

继续编织

（23针）8（23针）

▲（+21针）（+20针）

11.5（22针）11（21针）

8（23针）挑针

（编织花样）

肩部育克
（编织花样）

休针

肩部育克
（编织花样）

休针

（编织花样）

8（23针）

17.5 44行16.5 42行

26行

26行

17.5 44行16.5 42行

（+21针）（+20针）▲（+1针）

10.5（35针）（31针）（7针）

（14针）（10针）

（+1针）▲（+21针）（+20针）

11.5（22针）11（21针）

（10针）（14针）

（3针）

继续编织

（下针编织）

（19针）挑针

♥

（29针）

3 8行

♥

（29针）

（19针）挑针

（下针编织）

11.5（22针）11（21针）

（下针编织）

继续编织

（下针编织）

（下针编织）

34（65针）32（61针）挑针

育克
（下针编织）

17.5 44行

（+7针）（+6针）

16.5 42行

（+7针）（+6针）

△

41.5（79针）38.5（73针）

● 3.5（7针）3（6针）起针

（79针）（73针）挑针

3.5（7针）3（6针）起针

48.5（93针）44.5（85针）

30（76行）

和后身片连在一起编织

挑针缝合

前身片
（下针编织）

口袋位置

13.5

12（23针）（33针）（29针）12（23针）

6.5 {20行}

（单罗纹针）8号针

（93针）（85针）

※ 除指定以外均用 10 号针编织
※ ▨ 是 S 号，其他是 M 号或通用
※ 腋下针目将前、后身片连在一起（13针）（11针）起针

（50针）（48针）

6.5 {20行}

（单罗纹针）
8号针

7.5（14针）7（13针）

8（23针）

7（13针）6.5（12针）

22.5（50针）21.5（48针）

右袖
（编织花样）

33 82行

（下针编织）

（编织花样）

（下针编织）

（−15针）（−14针）☆

37.5（80针）35.5（76针）

（−15针）（−14针）☆

从●处（7针）（6针）挑针

11.5（22针）11（21针）挑针

8（23针）挑针

11.5（22针）11（21针）挑针

从○处（6针）（5针）挑针

☆ = {4行平 8-1-8 2-1-7 行针次}

☆ = {6行平 8-1-8 2-1-6 行针次}

※ 左袖对称挑针编织

△ = {2行平 6-1-7 行针次}

▲ = {2行平 2-1-21 行针次}

△ = {6行平 6-1-6 行针次}

▲ = {2行平 2-1-20 行针次}

♥ =（−4针）
※ 参照图示

袖下的减针（M号）

→ ⑩

→ ⑤

→ ①

□ = 1

单罗纹针

□ = 1

衣领、下摆、袖口
编织起点

口袋 2片（通用）

（25针）休针

（编织花样）

（−6针）

（下针编织）

（下针编织）

12（31针）

（下针编织）

12 31行

（4针）（23针）（4针）

1.5 6行

（单罗纹针）8号针

（31针）起针

114

L、XL 号

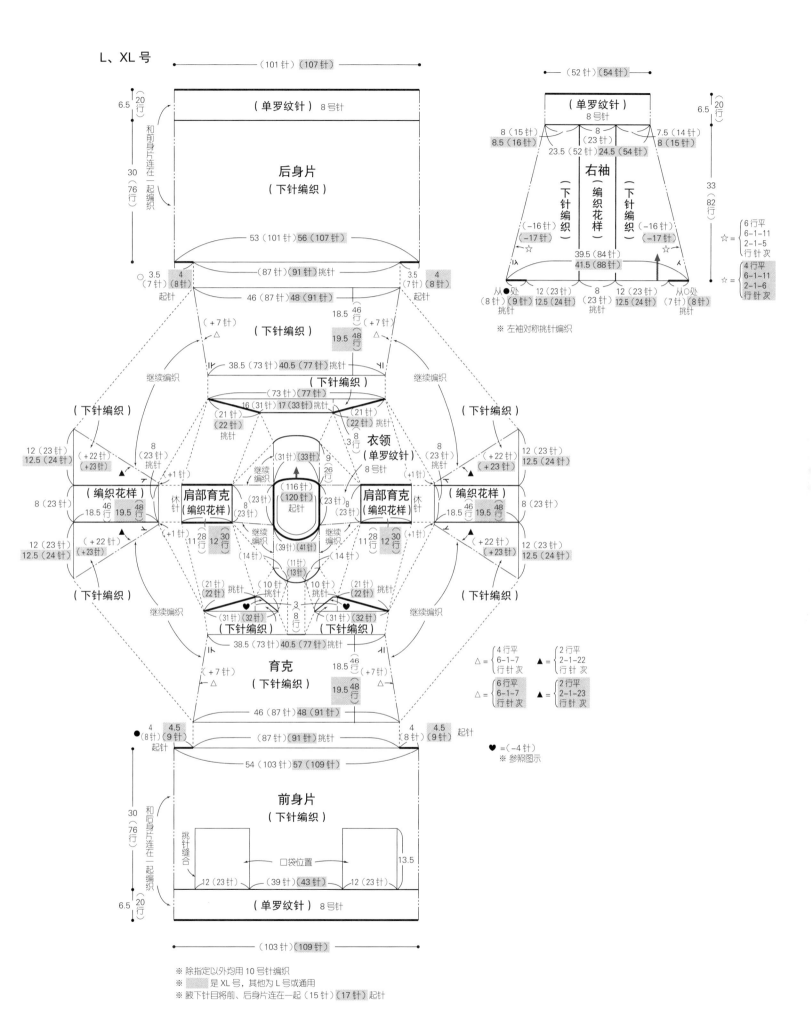

※ 左袖对称挑针编织

※ 除指定以外均用 10 号针编织
※ ▒ 是 XL 号，其他为 L 号或通用
※ 腋下针目将前、后身片连在一起（15 针）（17 针）起针

115

编织花样

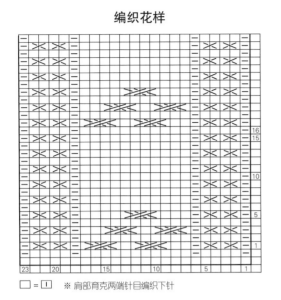

□ = $|$　※肩部育克两端针目编织下针

编织花样（口袋）

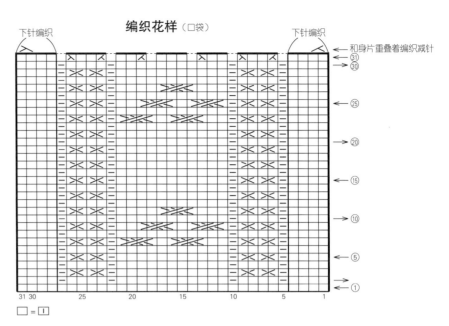

下针编织

下针编织

和身片重叠着编织减针

□ = $|$

前领窝和肩部的引返编织（M号）

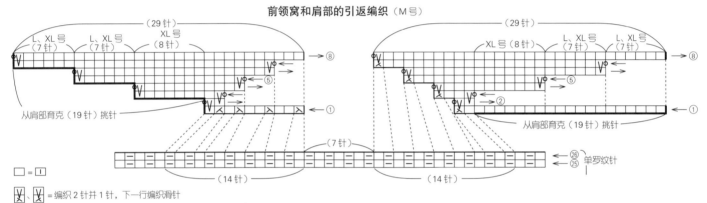

（29针）
L、XL号（7针）　L、XL号（7针）　XL号（8针）

从肩部育克（19针）挑针

（29针）
XL号（8针）　L、XL号（7针）　L、XL号（7针）

从肩部育克（19针）挑针

（7针）
（14针）　（14针）

单罗纹针

□ = $|$

= 编织2针并1针，下一行编织滑针

后领窝和肩部的引返编织（M号）

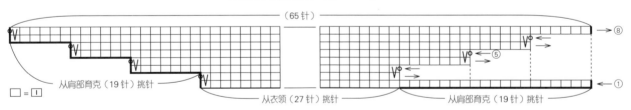

（65针）

从肩部育克（19针）挑针

从衣领（27针）挑针

从肩部育克（19针）挑针

□ = $|$

育克的加针

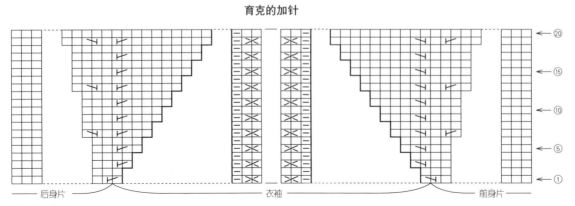

后身片　　　衣袖　　　前身片

□ = $|$　　= 左加针
　　= 右加针

材料

[外套] 钻石线 Dia Silk Neige 灰色（608）310g/11团，Dia Tasmanian Merino 黑色（730）70g/2团；直径14mm的纽扣6颗

[半身裙] 钻石线 Dia Silk Neige 灰色（608）300g/10团，Dia Tasmanian Merino 黑色（730）55g/2团；宽30mm的松紧带70cm

工具

钩针5/0号、3/0号、4/0号

成品尺寸

[外套] 胸围98cm，肩宽36cm，衣长54cm，袖长52.5cm

[半身裙] 腰围96cm，裙长66cm

编织密度

10cm×10cm面积内：编织花样A 23针，10行（5/0号针）；编织花样B 1个花样4cm，10cm11.5行

编织要点

●外套…锁针起针，做编织花样A、B。参照图示减针。肩部钩织引拔针和锁针接合，胁部、袖下钩织引拔针和锁针接合。前门襟挑取指定数量的针目，钩织短针。右前门襟开扣眼。下摆、袖口做边缘编织。衣领的起针和衣片相同，做编织花样A。衣领周围做边缘编织。衣领参照图示连接于身片。衣袖和身片引拔接合。缝上纽扣。

●半身裙…锁针起针，做编织花样A、B。参照图示减针。胁部钩织引拔针和锁针接合。下摆环形编织边缘编织，腰头钩织长针。腰头两端重叠2cm缝合成环形。腰头夹入松紧带，折向反面，松松地做藏针缝。

外套

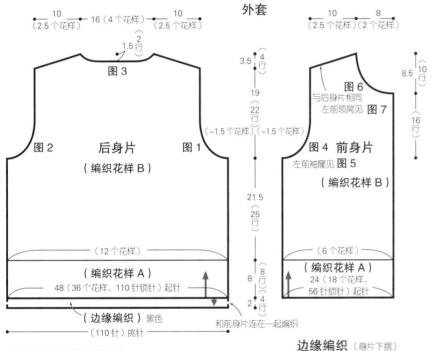

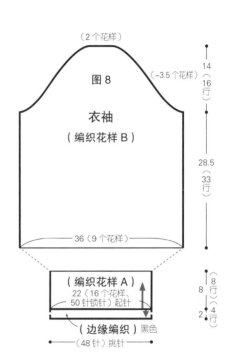

※除指定以外均用5/0号针钩织
※除指定以外均用灰色线钩织

边缘编织（身片下摆）

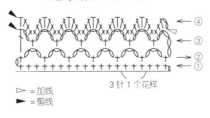

▷ = 加线
► = 剪线

编织花样A

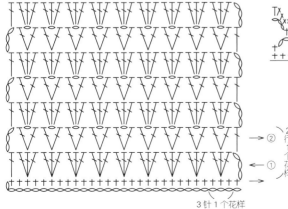

边缘编织（袖口、半身裙下摆）

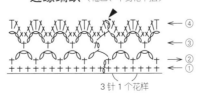

编织花样B

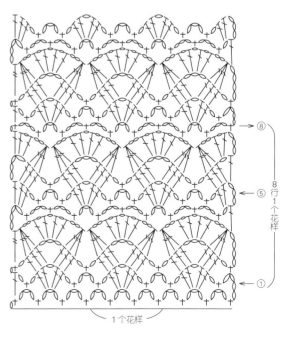

117

前门襟
（短针）黑色

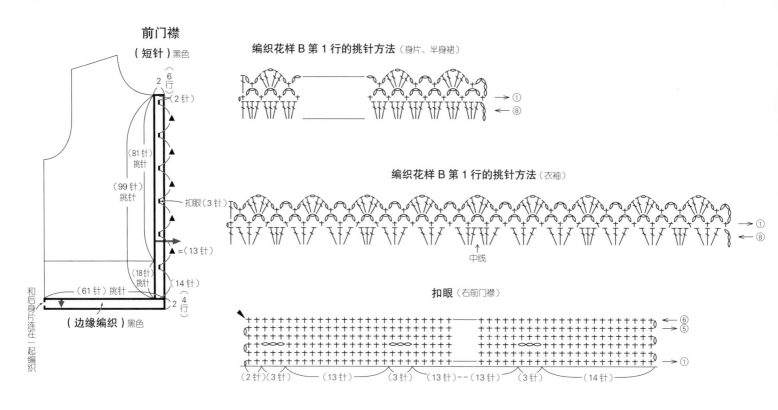

编织花样 B 第 1 行的挑针方法（身片、半身裙）

编织花样 B 第 1 行的挑针方法（衣袖）

中线

扣眼（右前门襟）

（2针）（3针）（13针）（3针）（13针）——（13针）（3针）（14针）

（81针）挑针

（99针）挑针

扣眼（3针）

= （13针）

（18针）挑针

（14针）

（61针）挑针

2 4 行

2 6 行

（2针）

和后身片连在一起编织

（边缘编织）黑色

衣领（编织花样 A）黑色 调整编织密度

55（128针）

5/0 号针　图9
4/0 号针
3/0 号针

前身片（40针）　后身片（48针）　前身片（40针）

46（128针锁针）起针

3行
3行
3行

5.5　6 行
2.5　3 行

衣领周围（边缘编织）黑色

（128针）挑针

（13针）挑针　（13针）挑针

★ = 转角（1针）挑针

2 4 行

领座（长针）
3/0 号针 黑色

1 行

连接衣领至此

衣领的安装方法

①将衣领重叠在身片上面，
用半回针缝的方法缝在内侧 5mm 处
②拿好织片，让身片位于前侧，将长针
缝在衣领处（100针）
③将长针倒向内侧，缝在身片处

▷ = 加线
▶ = 剪线
〜 = 渡线

图 9　衣领　　　　　　边缘编织…前衣领端头第 2 行有变化的地方

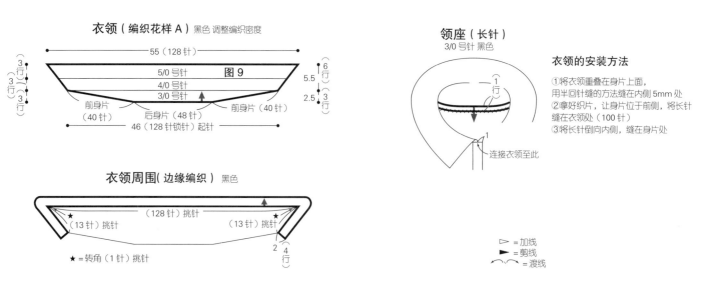

（48针）

① ② ③ ④
边缘编织

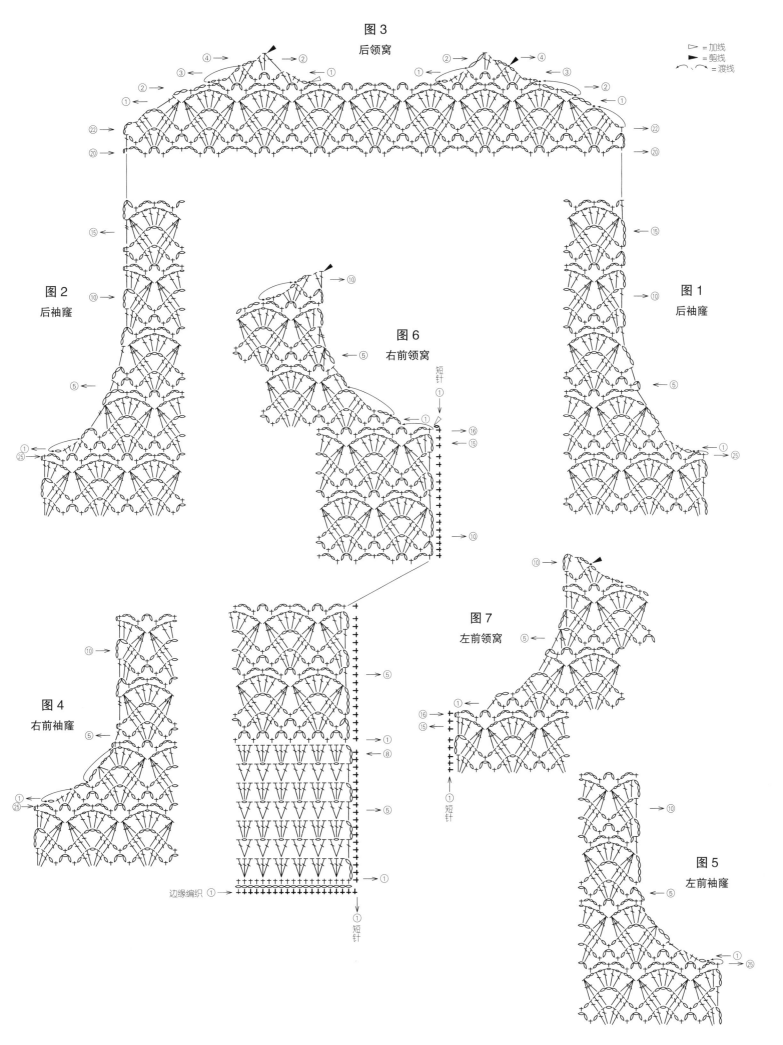

图 3
后领窝

图 2
后袖窿

图 1
后袖窿

图 6
右前领窝

图 4
右前袖窿

图 7
左前领窝

图 5
左前袖窿

▷ = 加线
▶ = 剪线
= 渡线

短针

边缘编织①

短针

短针

119

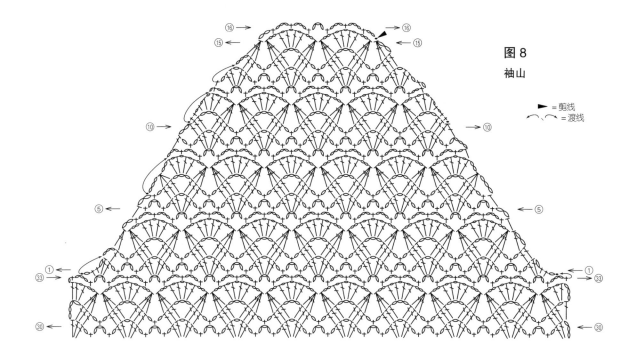

图 8
袖山

► = 剪线
⌒ = 渡线

半身裙

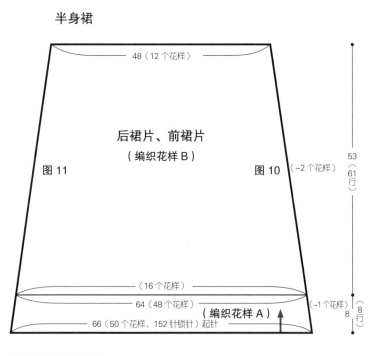

后裙片、前裙片
（编织花样 B）

图 11　　　　　图 10

48（12 个花样）
（-2 个花样）

53
（61
行）

（16 个花样）
64（48 个花样）（编织花样 A）
66（50 个花样、152 针锁针）起针
（-1 个花样）
8
（8
行）

※ 全部使用 5/0 号针钩织
※ 除指定以外均用灰色线钩织

腰头（长针）黑色

96（220 针）挑针
折回
3
3
6
（6
行）

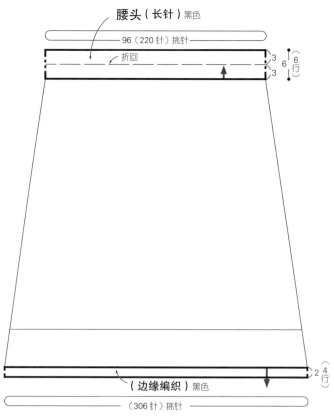

（边缘编织）黑色
（306 针）挑针
2
4
（4
行）

※ 腰头两端重叠 2cm 缝合成环形，夹入松紧带，腰头上边折向反面，做藏针缝

长针

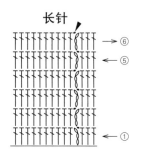
⑥
⑤
①

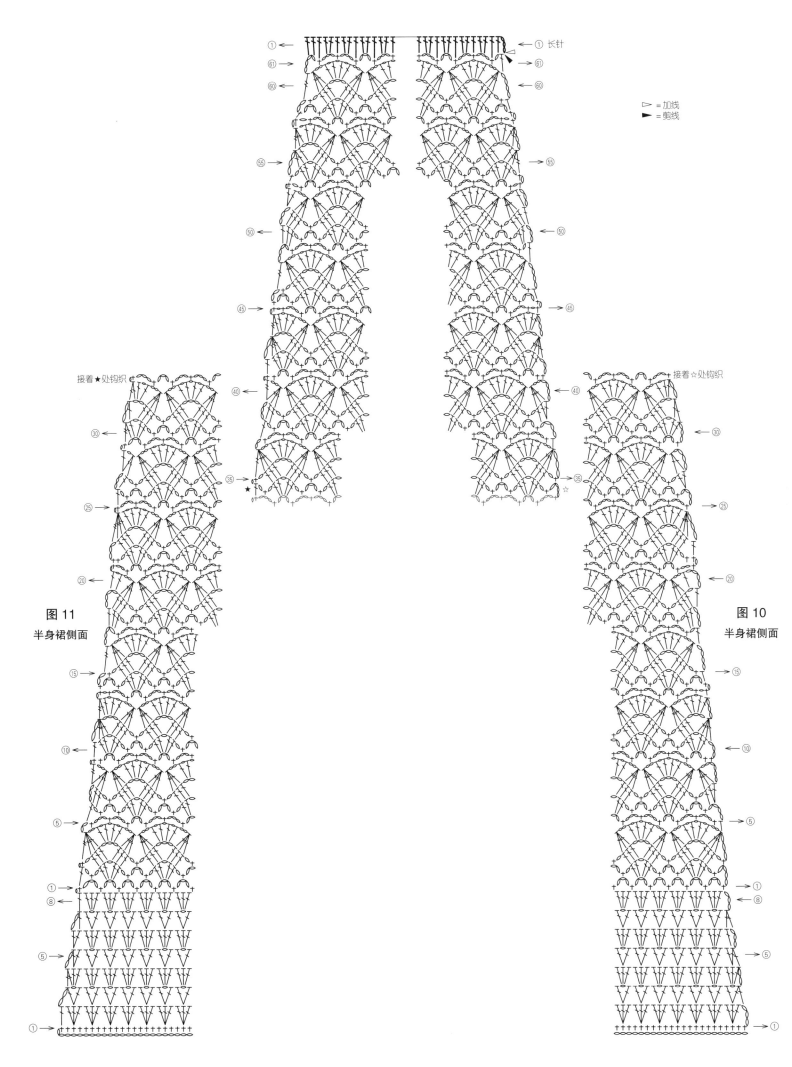

图 11
半身裙侧面

图 10
半身裙侧面

接着★处钩织

接着☆处钩织

① 长针

▷ =加线
► =剪线

材料

钻石线 Dia Angora More 蓝色（9408）330g/11团、黄色（9404）170g/6团，Dia Swan 深藏青色（805）100g/2团；直径22mm的纽扣6颗

工具

钩针 7/0 号、6/0 号

成品尺寸

胸围95cm，衣长41.5cm，连肩袖长67cm

编织密度

10cm×10cm面积内：编织花样19针，18行（7/0号针）；条纹花样19针10cm，10行

6.5cm

编织要点

●身片、衣袖…身片锁针起针，做编织花样、条纹花样。参照图示编织加、减针。右前门襟开扣眼。肩部使用毛线缝针做挑针缝合。衣袖从身片挑针，做编织花样。

●组合…胁部使用毛线缝针做挑针缝合，袖下也做挑针缝合。衣领挑取指定数量的针目，参照图示做编织花样。后腰饰片做编织花样。将后腰饰片用纽扣固定在后身片指定位置，完成。

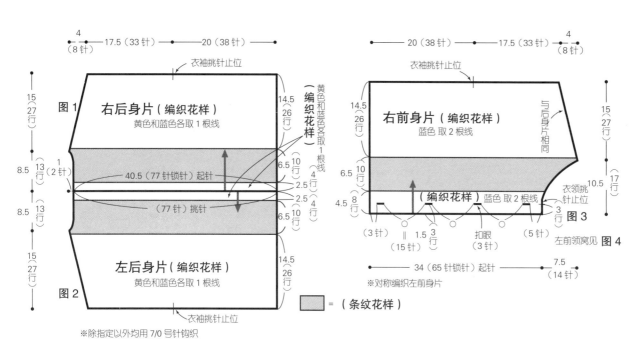

4 (8针)　17.5（33针）　20（38针)

15 (27行)

图1　右后身片（编织花样）　黄色和蓝色各取1根线

14.5 (26行)

（编织花样）（黄色和蓝色各取1根线）

1 (2针)　8.5　13 (27行)

40.5（77针锁针）起针

6.5　10 (4行)　2.5

（77针）挑针

2.5　6.5　10 (4行)

8.5　13 (27行)

15 (27行)

左后身片（编织花样）　黄色和蓝色各取1根线

14.5 (26行)

图2

= （条纹花样）

衣袖挑针止位

※除指定以外均用 7/0 号针钩织

20（38针）　17.5（33针）　4 (8针)

衣袖挑针止位

14.5 (26行)

右前身片（编织花样）　蓝色 取2根线

与后身片相同

15 (27行)

6.5　10 (4行)

（编织花样）蓝色 取2根线

4.5　8

10.5　17 (行)

衣领挑针止位

图3

（3针）　||　1.5　3行　扣眼（3针）　（5针）

（15针）

左前领窝见 图4

34（65针锁针）起针　7.5（14针）

※对称编织左前身片

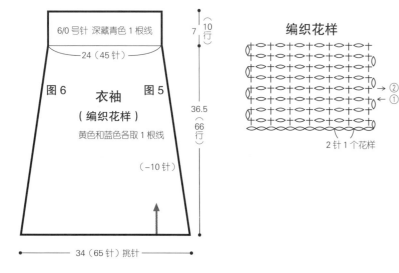

6/0 号针 深藏青色 1 根线

7　10 (行)

24（45针）

图6　图5

衣袖（编织花样）　黄色和蓝色各取1根线

36.5 (66行)

（-10针）

34（65针）挑针

编织花样

②　①

2针 1 个花样

条纹花样

→⑩

7/0 号针

6/0 号针

←⑤

7/0 号针

①

6/0 号针

十 = 短针的条纹针

※分开锁针针目挑针

＝挑起下方第3行的短针头部剩余的1根线，钩织长长针

配色　＝深藏青色1根线

＝后身片 黄色和蓝色各取1根线 前身片 蓝色 2根线

4针 1 个花样

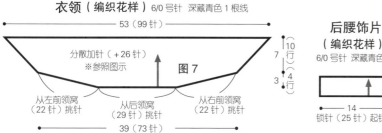

衣领（编织花样）6/0 号针 深藏青色 1 根线

53（99针）

分散加针（+26针）　※参照图示　图7

7　10 (行)

3　4 (行)

从左前领窝（22针）挑针　从后领窝（29针）挑针　从右前领窝（22针）挑针

39（73针）

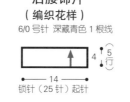

后腰饰片（编织花样）6/0 号针 深藏青色 1 根线

7　10 (行)

3　4 (行)

14

锁针（25针）起针

4　5 (行)

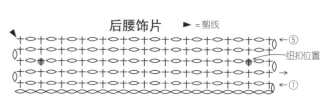

后腰饰片　► =剪线

→⑤

纽扣位置

→①

←①

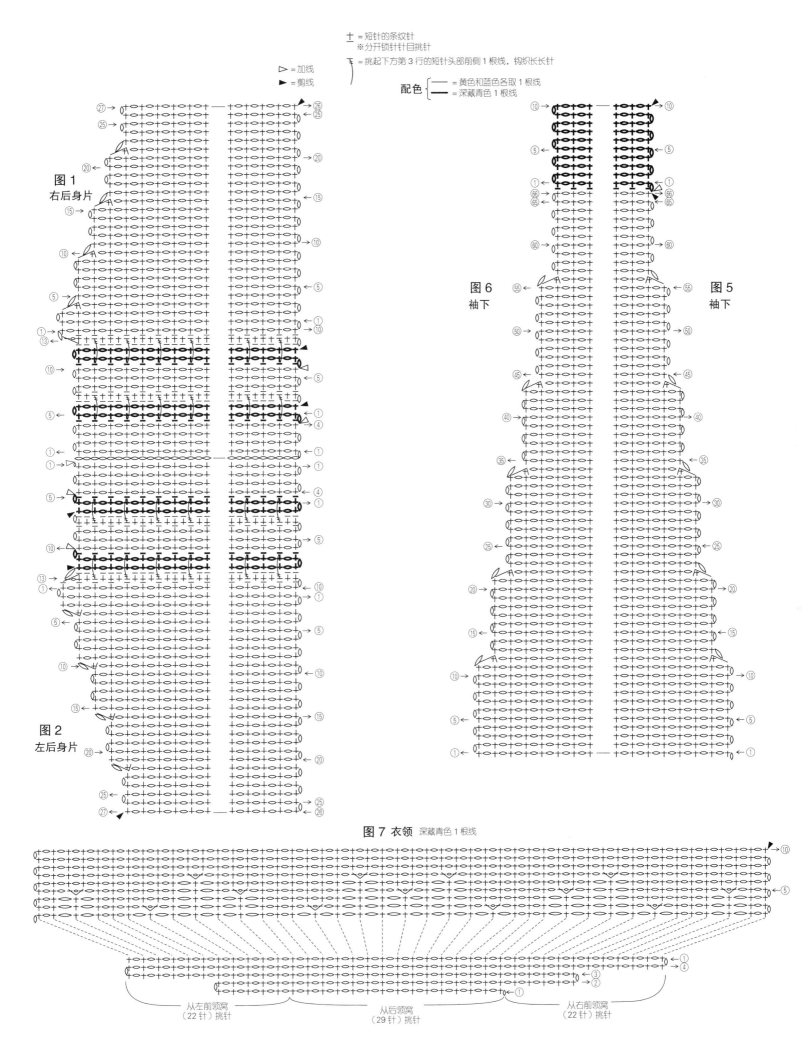

十 = 短针的条纹针
※ 分开锁针针目挑针

= 挑起下方第3行的短针头部前侧1根线，钩织长长针

▷ = 加线
► = 剪线

配色 {
— = 黄色和蓝色各取1根线
= 深藏青色1根线
}

图1
右后身片

图2
左后身片

图6
袖下

图5
袖下

图7 衣领 深藏青色1根线

从左前领窝
（22针）挑针

从后领窝
（29针）挑针

从右前领窝
（22针）挑针

123

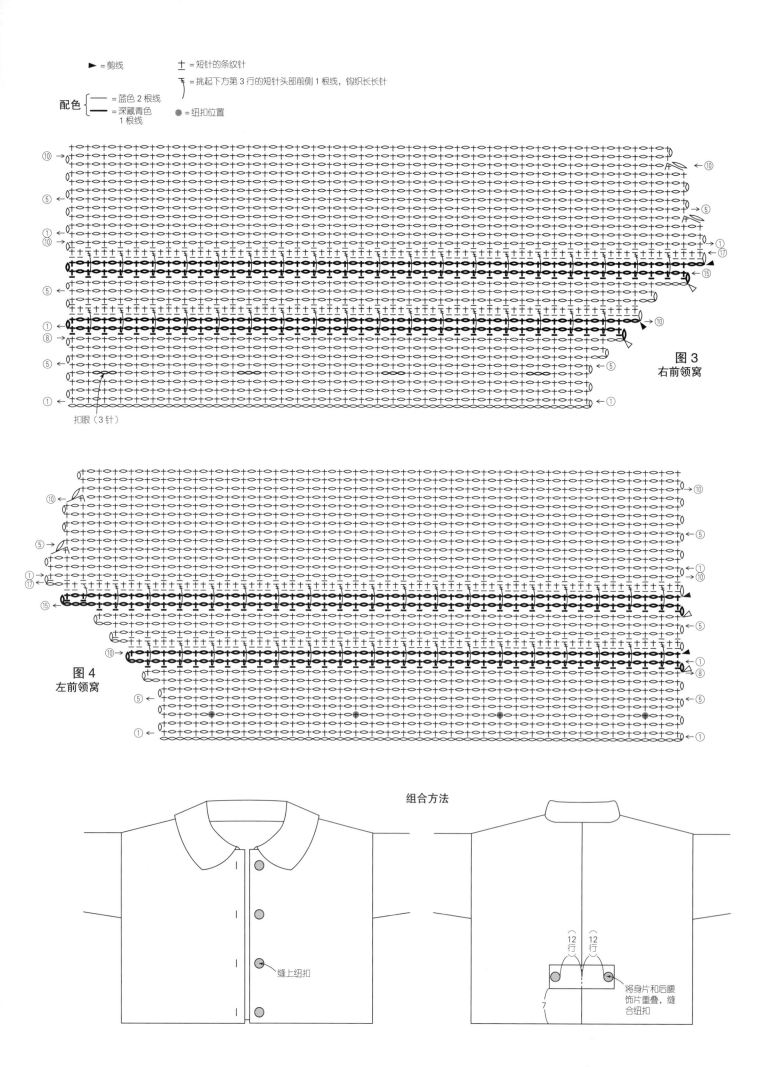

▶ =剪线　　　十 =短针的条纹针

┬ =挑起下方第3行的短针头部前侧1根线，钩织长长针

配色 { ── =蓝色2根线
　　　 ━ =深藏青色 1根线

● =纽扣位置

图3
右前领窝

扣眼（3针）

图4
左前领窝

组合方法

缝上纽扣

12行　12行

将身片和后腰饰片重叠，缝合纽扣

7

124

材料
钻石线 Dia Adele 灰色（409）415g/11 团
工具
棒针 6 号、5 号、7 号、3 号，钩针 6/0 号
成品尺寸
胸围 90cm，肩宽 42cm，衣长 90.5cm
编织密度
10cm×10cm 面积内：编织花样 A、B 均为 24.5 针，30 行
编织要点
●后身片、前身片…手指起针，编织单罗纹针。然后做编织花样 A，开衩侧编织单罗纹针，另一侧做下针编织。需要注意，编织至第 90 行后做下针编织和编织花样 B，左右两侧下针编织的针数不同。参照图示编织加、减针，编织终点做伏针收针。
●组合…肩部对齐针与行缝合，胁部使用毛线缝针做挑针缝合。衣领挑取指定数量的针目，一边调整编织密度，一边编织双罗纹针。编织终点做双罗纹针收针。袖口挑取指定数量的针目，编织单罗纹针。编织终点做单罗纹针收针。开衩处钩织引拔针收边。

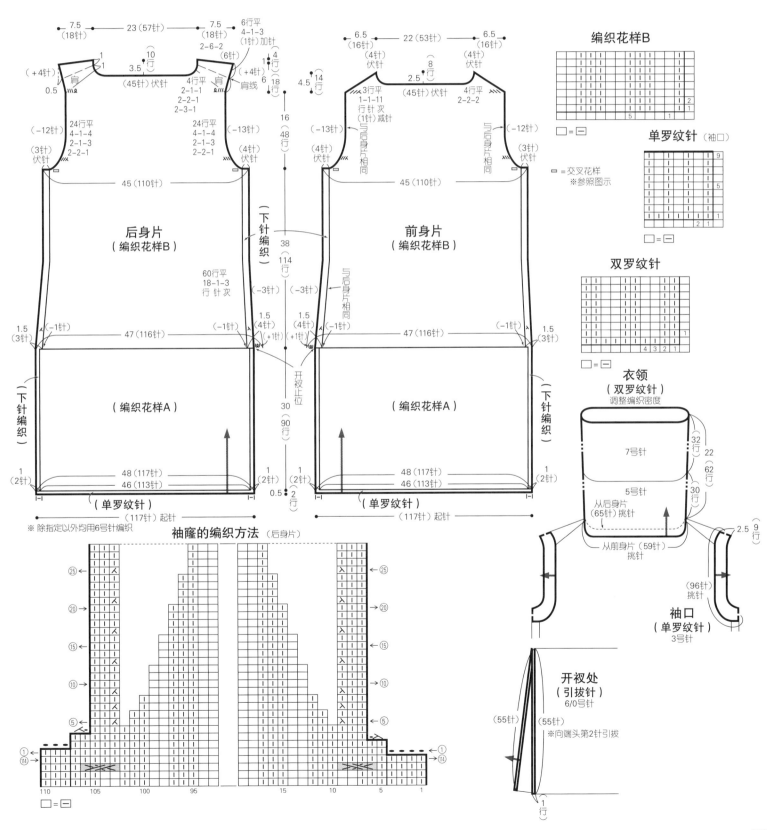

编织花样A

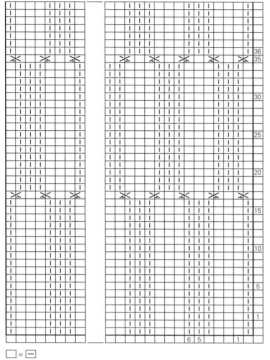

□ = ─

后胁的减针

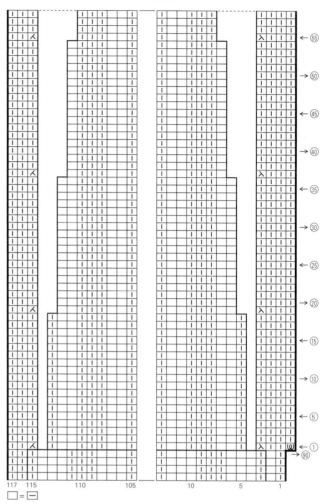

□ = ─

后领窝的编织方法

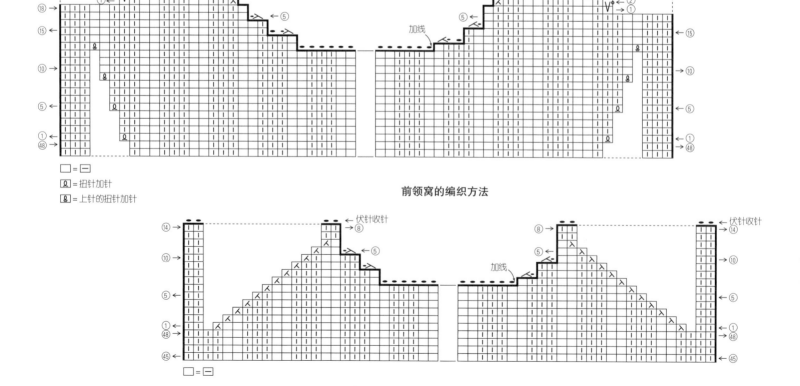

□ = ─

Ⓠ = 扭针加针

Ⓠ = 上针的扭针加针

前领窝的编织方法

□ = ─

材料

[外套]钻石线Dia Tasmanian Merino 藏青色（725）220g/6团，Dia Silk Neige 绿色、灰色系段染（605）130g/5团；直径18mm的纽扣8颗

[半身裙]钻石线Dia Tasmanian Merino 藏青色（725）190g/5团，Dia Silk Neige 绿色、灰色系段染（605）135g/5团；宽30mm的松紧带70cm

工具

阿富汗针6号，钩针4/0号

成品尺寸

[外套]胸围92cm，肩宽35cm，衣长50.5cm，袖长52.5cm

[半身裙]腰围72cm，裙长64cm

编织密度

10cm×10cm面积内：条纹花样A 20.5针，10.5行；条纹花样B 21针，10.5行（腰侧），21针，7行（下摆侧）

编织要点

● 外套…用藏青色线钩织锁针起针，做条纹花样A。参照图示编织加、减针。肩部使用毛线缝针做挑针缝合，胁部、袖下也做挑针缝合。下摆、领口、前门襟挑取指定数量的针目，分别做8行边缘编织，然后接着编织第9行。袖口的边缘编织做环形的往返编织。装饰袋口钩织锁针起针，做边缘编织，缝在指定位置。衣袖和身片做引拔接合。缝上纽扣。

● 半身裙…用藏青色线钩织锁针起针，做条纹花样B。使用毛线缝针缝合起针行和最终行。腰头挑取指定数量的针目，用环形的往返编织做编织花样。加入做成环形的松紧带，折到反面，做卷针缝。

外套

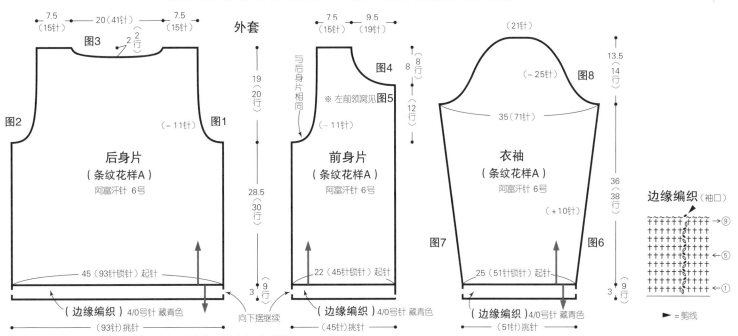

※ 编完下摆的边缘编织的第8行后休针，第9行和前门襟、领口连在一起编织

条纹花样A

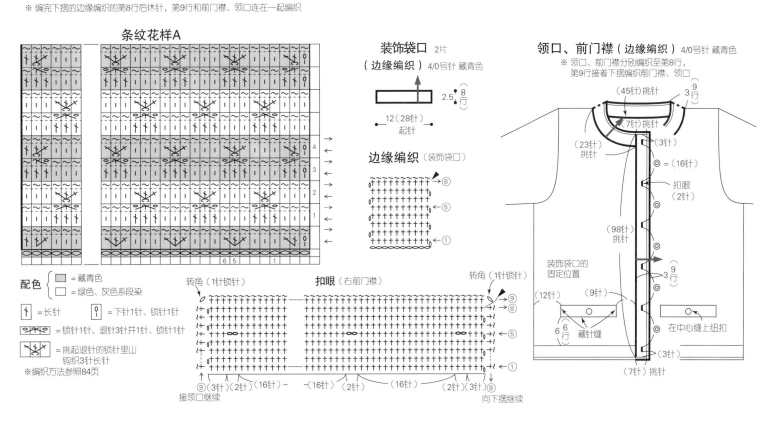

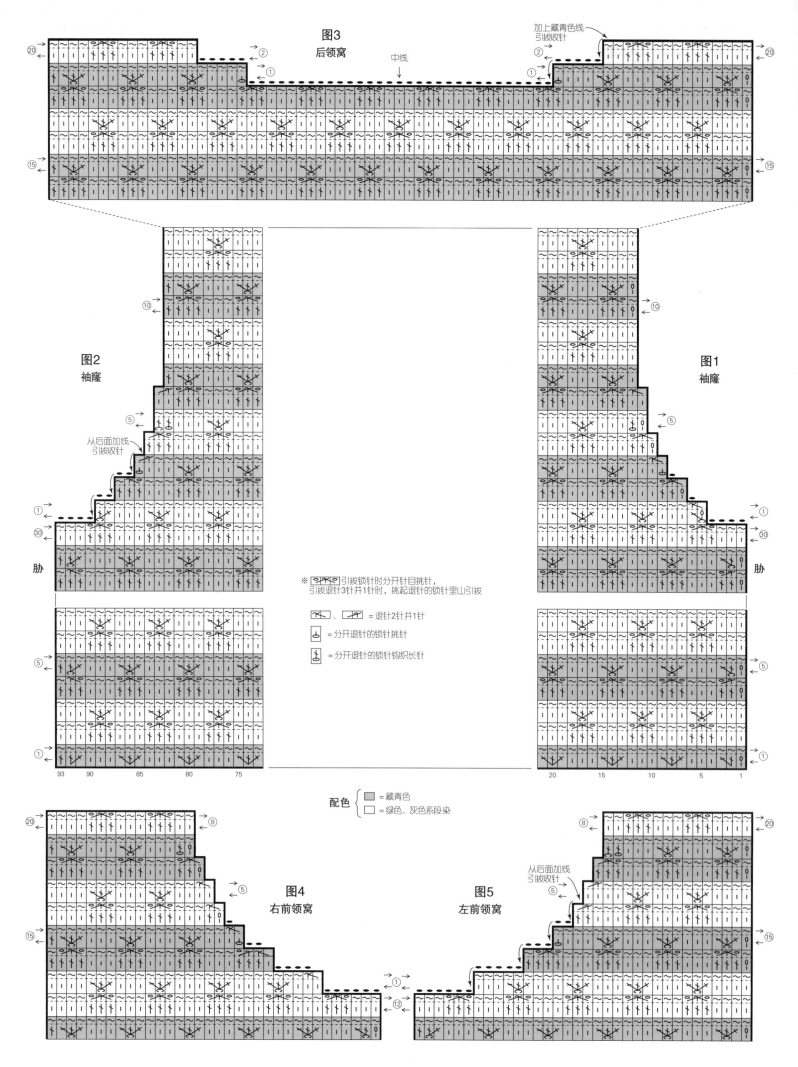

图3 后领窝

中线

加上藏青色线
引拨收针

图2 袖隆

从后面加线
引拨收针

图1 袖隆

胁

胁

※ 引拨锁针时分开针目挑针，
引拨退针3针并1针时，挑起退针的锁针里山引拨

、 = 退针2针并1针

= 分开退针的锁针挑针

= 分开退针的锁针钩织长针

配色 { = 藏青色
= 绿色、灰色系段染

图4 右前领窝

图5 左前领窝

从后面加线
引拨收针

中线

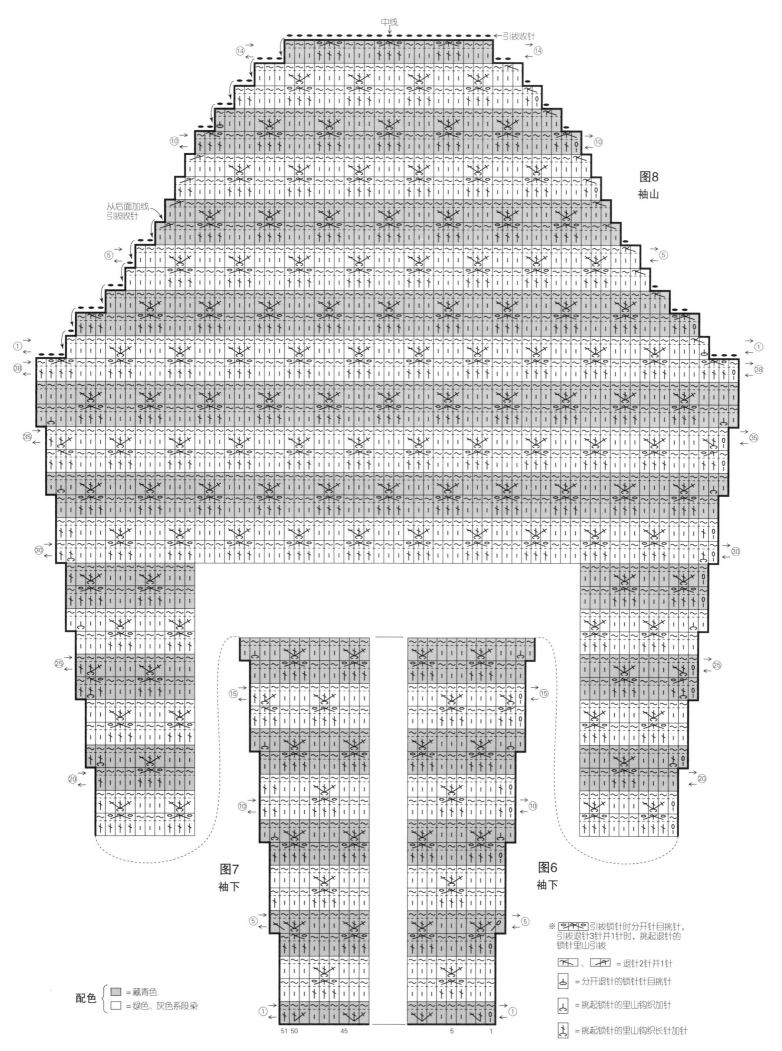

中线
←引拔收针
图8
袖山
从后面加线
引拔收针
图7
袖下
图6
袖下

配色 {
= 藏青色
= 绿色、灰色系段染
}

※ 引拔锁针时分开针目挑针，
引拔退针3针并1针时，挑起退针的
锁针里山引拔

= 退针2针并1针

= 分开退针的锁针针目挑针

= 挑起锁针的里山钩织加针

= 挑起锁针的里山钩织长针加针

51 50   45   5   1

129

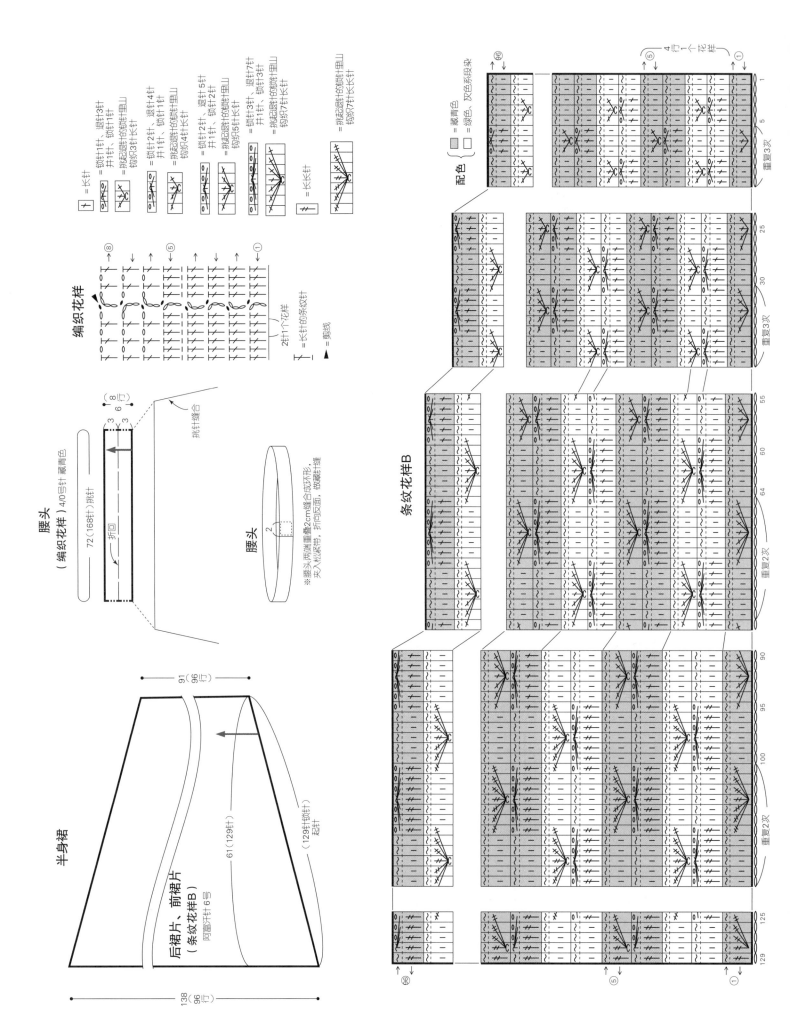

配色
= 藏青色
= 绿色、灰色系段染

条纹花样B

半身裙

后裙片、前裙片
（条纹花样B）
阿富汗针6号

腰头
（编织花样）4/0号针 藏青色

编织花样

材料

内藤商事 Indiecita DK 紫红色（RJ5820）
425g/9 团，紫色（M4403）45g/1 团；直径
15mm 的包扣坯 6 颗

工具

钩针 5/0 号、4/0 号

成品尺寸

胸围 92cm，肩宽 34cm，衣长 54cm，袖长
52.5cm

编织密度

编织花样的 1 个花样 7.4cm，10cm10.5 行

编织要点

●身片、衣袖…钩织锁针起针，然后按编织花
样钩织。参照图示加、减针。
●组合…肩部钩织引拔针和锁针接合。胁部、
袖下钩织引拔针和锁针接合。下摆、前门襟、
领口、袖口分别挑取指定针数后，按边缘条
纹花样环形钩织。右前门襟开扣眼。衣袖与
身片钩织引拔针和锁针接合。最后钩织包扣，
缝在指定位置。

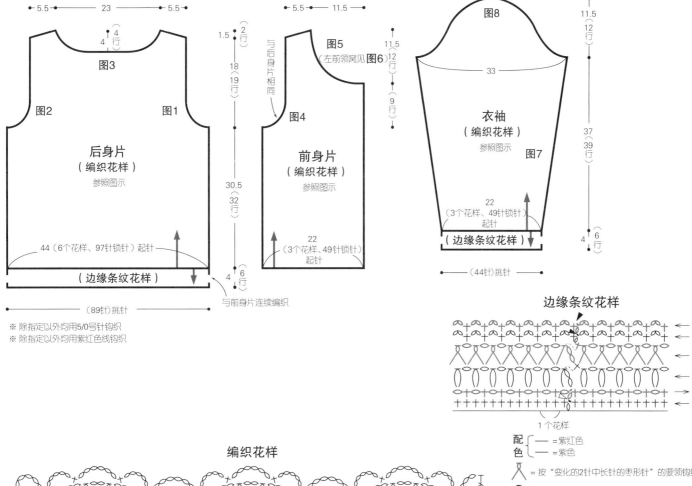

后身片
（编织花样）
参照图示

前身片
（编织花样）
参照图示

衣袖
（编织花样）
参照图示 图7

44（6个花样、97针锁针）起针

（边缘条纹花样）

22
（3个花样、49针锁针）
起针

22
（3个花样、49针锁针）
起针

与前身片连续编织

（89针）挑针

（44针）挑针

※ 除指定以外均用5/0号针钩织
※ 除指定以外均用紫红色线钩织

边缘条纹花样

1 个花样

配色 { ── = 紫红色
       ── = 紫色 }

⋋ = 按"变化的2针中长针的枣形针"的要领钩织

⋂ = 2针中长针的枣形针

▷ = 加线
► = 剪线

编织花样

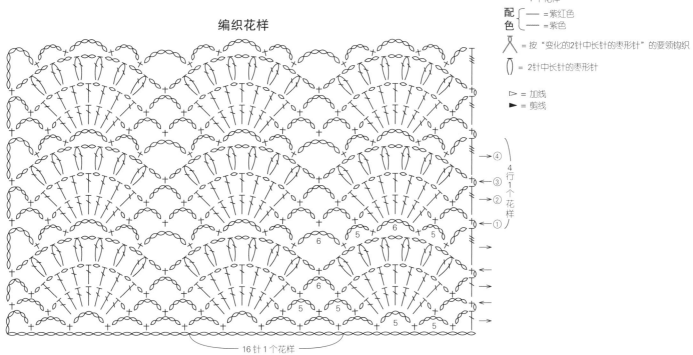

16针1个花样

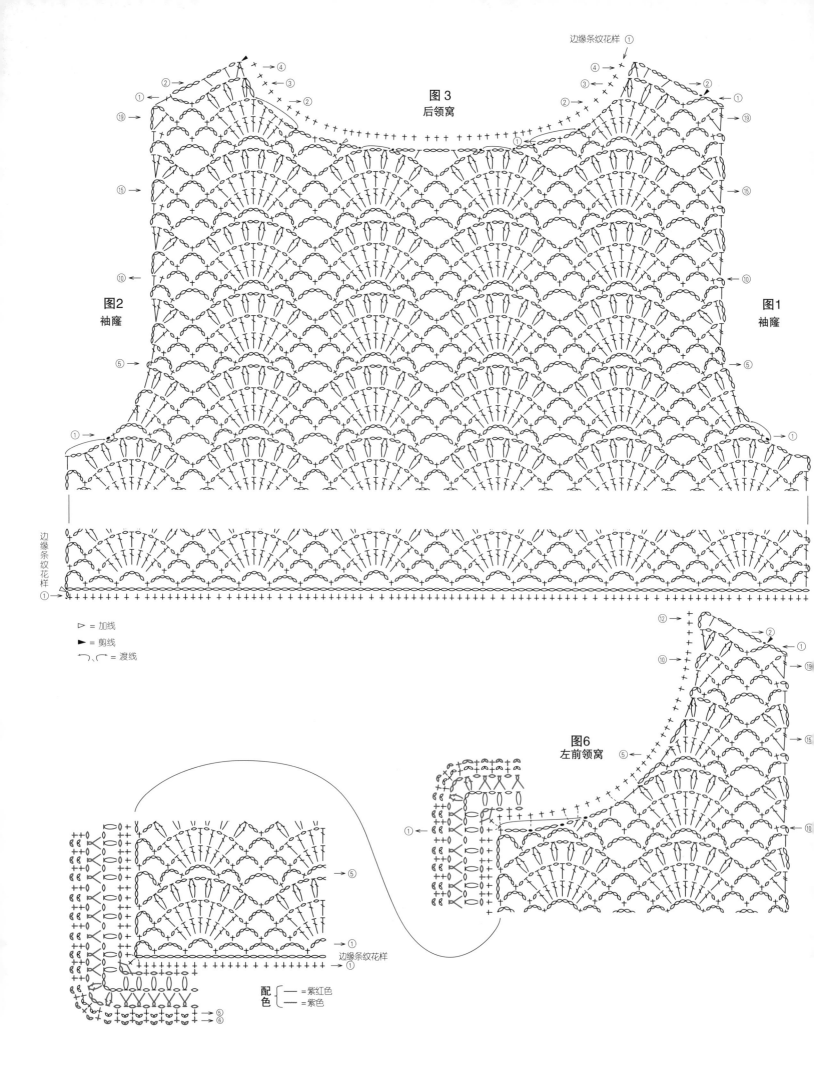

图3
后领窝

图2
袖窿

图1
袖窿

边缘条纹花样

▷ = 加线
► = 剪线
⌒、⌒ = 渡线

图6
左前领窝

边缘条纹花样

配色 { ─ =紫红色
       ─ =紫色

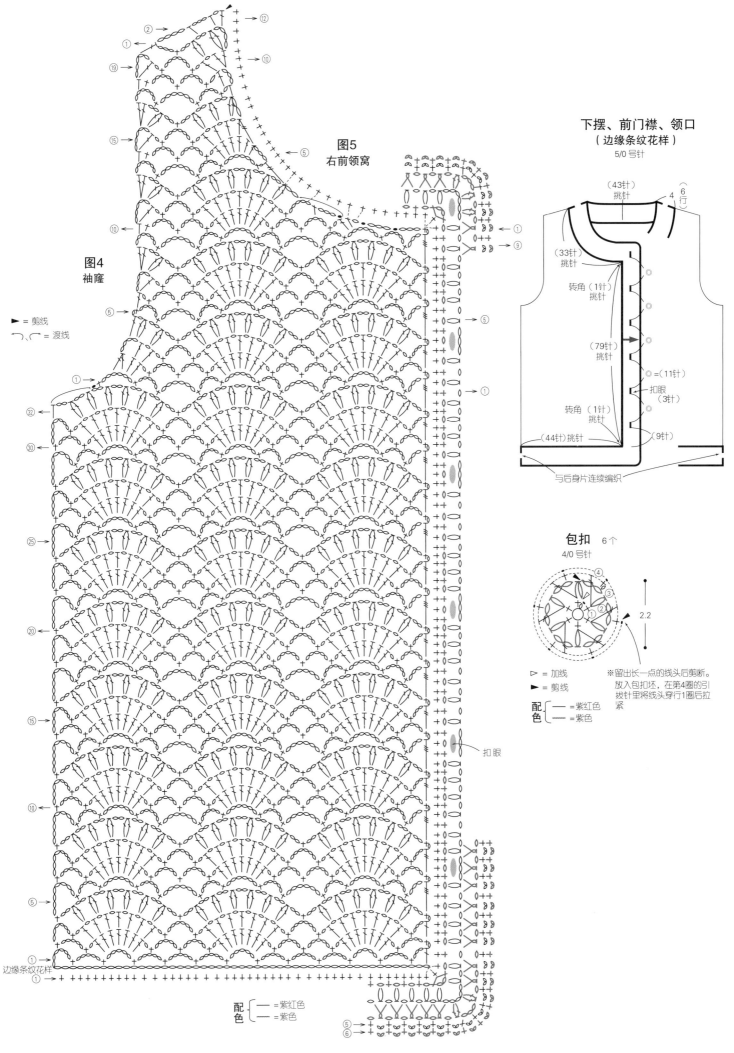

图5
右前领窝

图4
袖窿

► = 剪线
⌒、⌒ = 渡线

⑤ → 扣眼

边缘条纹花样
①

配
色 { — =紫红色
— =紫色

下摆、前门襟、领口
（边缘条纹花样）
5/0 号针

（43针）
挑针

4
6
行

（33针）
挑针

转角（1针）
挑针

（79针）
挑针

转角（1针）
挑针

=（11针）

扣眼
（3针）

（44针）挑针

（9针）

与后身片连续编织

包扣 6个
4/0 号针

2.2

▷ = 加线
► = 剪线

配
色 { — =紫红色
— =紫色

※留出长一点的线头后剪断。
放入包扣坯，在第4圈的引
拔针里将线头穿行1圈后拉
紧

133

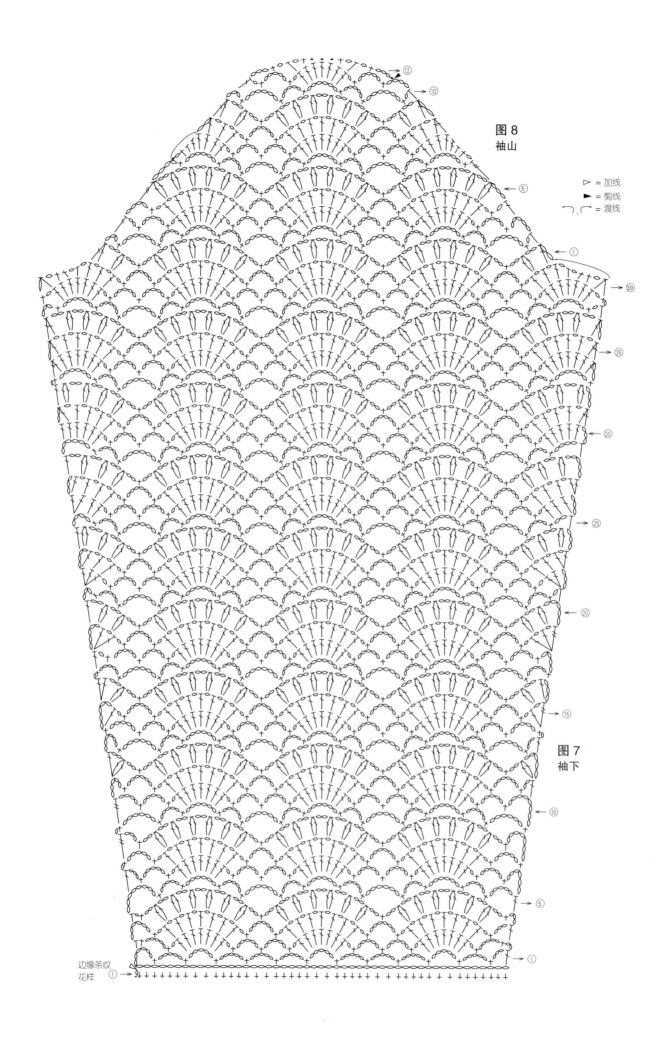

图 8
袖山

▷ = 加线
► = 剪线
⌒⌒ = 渡线

图 7
袖下

边缘条纹
花样

134

材料

[手提包] DMC Happy Chenille 灰绿色(023 MOSSY) 50g/4 团，米色(010 FROTHY) 30g/2 团，浅灰色(011 FLUFFY) 15g/1 团，原白色(021 SODA POP) 10g/1 团，深粉色(024 PARTY) 5g/1 团，茶色(028 TEDDY)、浅蓝色(018 TWINKLE)各2g/ 各1 团

[化妆包] DMC Happy Chenille 浅蓝色(018 TWINKLE)、浅灰色(011 FLUFFY) 各10g/各1 团，原白色(021 SODA POP)、深粉色(024 PARTY)、茶色(028 TEDDY)各2g/各1 团；长16cm的拉链 1 条

工具

钩针 5/0 号

成品尺寸

[手提包] 宽31cm，深23cm

[化妆包] 宽16.5cm，深11cm

编织密度

10cm×10cm面积内：配色花样A、B均为18针，12.5行

编织要点

●手提包…钩织锁针起针后，底部环形钩织短针。接着按配色花样A钩织主体。配色花样将配色线包在针目里面钩织，没有配色的行也将米色线包在针目里面钩织。提手与主体一样起针，将灰绿色线包在针目里面钩织短针。参照组合方法，将提手用藏针缝缝在主体上。

●化妆包…钩织锁针起针后，底部环形钩织短针。接着按配色花样B钩织主体。配色花样将配色线包在针目里面钩织，没有配色的行也将浅灰色线包在针目里面钩织。接着钩织线环，最后参照组合方法缝上拉链。

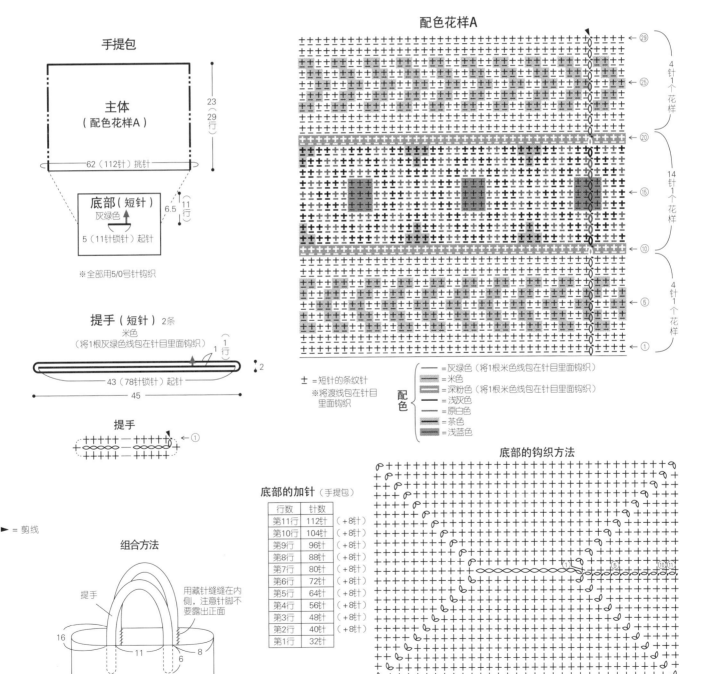

手提包

主体（配色花样A）

23（29行）

62（112针）挑针

底部（短针） 灰绿色

6.5 11行

5（11针锁针）起针

※全部用5/0号针钩织

提手（短针）2条

米色（将1根灰绿色线包在针目里面钩织）

1行

43（78针锁针）起针

45

提手

←①

► = 剪线

组合方法

提手

用藏针缝缝在内侧，注意针脚不要露出正面

16 11 8 6

配色花样A

←㉙ ←㉕ ←⑳ ←⑮ ←⑩ ←⑤ ←①

4针1个花样

14针1个花样

4针1个花样

± =短针的条纹针

※将渡线包在针目里面钩织

配色

= 灰绿色（将1根米色线包在针目里面钩织）
= 米色
= 深粉色（将1根米色线包在针目里面钩织）
= 浅灰色
= 原白色
= 茶色
= 浅蓝色

底部的加针（手提包）

行数	针数	
第11行	112针	(+8针)
第10行	104针	(+8针)
第9行	96针	(+8针)
第8行	88针	(+8针)
第7行	80针	(+8针)
第6行	72针	(+8针)
第5行	64针	(+8针)
第4行	56针	(+8针)
第3行	48针	(+8针)
第2行	40针	(+8针)
第1行	32针	

底部的钩织方法

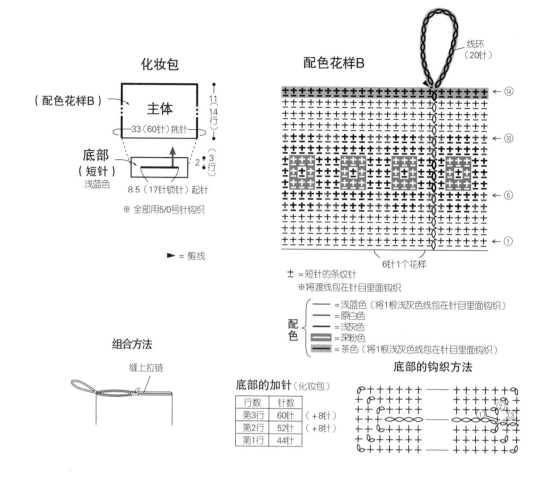

化妆包

（配色花样B）

主体

11
14 行

33（60针）挑针

底部
（短针）

浅蓝色

8.5（17针锁针）起针

※ 全部用5/0号针钩织

► = 剪线

配色花样B

线环
（20针）

← ⑭

← ⑩

← ⑤

← ①

6针1个花样

± =短针的条纹针

※将渡线包在针目里面钩织

配色
—— =浅蓝色（将1根浅灰色线包在针目里面钩织）
—— =原白色
—— =浅灰色
▨ =深粉色
▨ =茶色（将1根浅灰色线包在针目里面钩织）

组合方法

缝上拉链

底部的钩织方法

底部的加针（化妆包）

行数	针数	
第3行	60针	（+8针）
第2行	52针	（+8针）
第1行	44针	

编织花样

►上接第142页

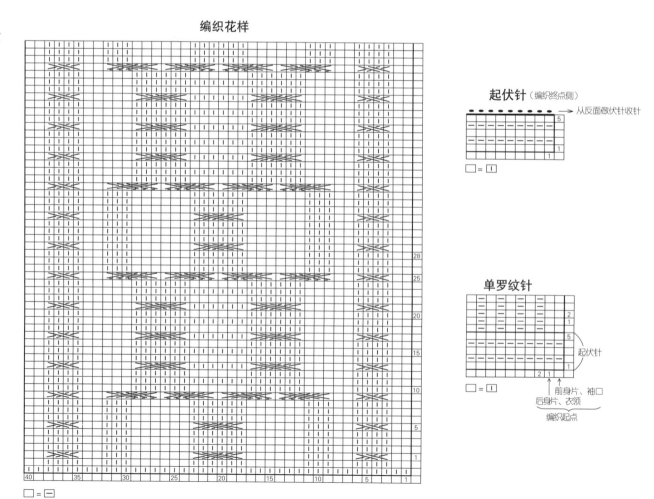

起伏针（编织终点侧）

从反面做伏针收针

5

1

□ = |

单罗纹针

2
1

5

起伏针

2 1

前身片、袖口
后身片、衣领

编织起点

□ = |

□ = ⊟

材料
内藤商事 Indiecita DK 浅茶色(282) 465g/10团，直径18mm 的纽扣 6 颗

工具
棒针 5 号、3 号、6 号

成品尺寸
胸围 92cm，肩宽 33cm，衣长 52.5cm，袖长 50.5cm

编织密度
10cm×10cm面积内：编织花样 21.5 针，33 行

编织要点
●身片、衣袖…单罗纹针起针后，按单罗纹针和编织花样编织。注意编织花样中 1 个花样的针数在不同行可能有变化。参照图示加、减针。
●组合…肩部做盖针接合。领口挑取指定针数后编织单罗纹针，结束时做单罗纹针收针。前门襟用 2 根线挑取指定针数后编织起伏针。右前门襟开扣眼，结束时做上针的伏针收针。袖下做挑针缝合。衣袖与身片之间做引拔接合。最后缝上纽扣。

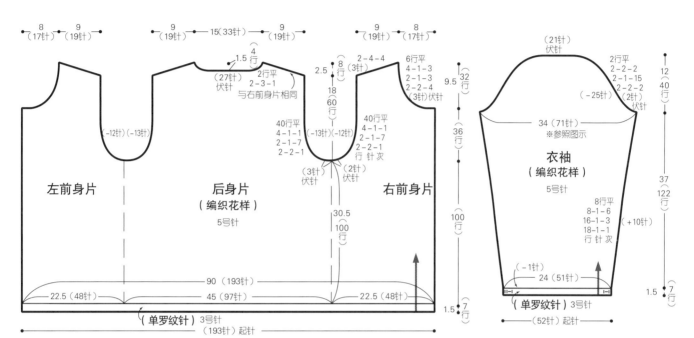

※ 除指定以外均用1根线编织

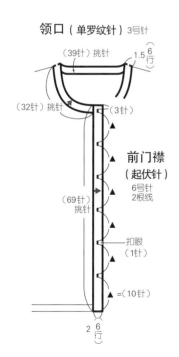

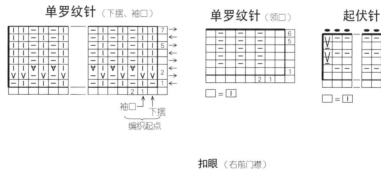

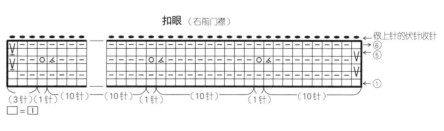

前身片的编织方法

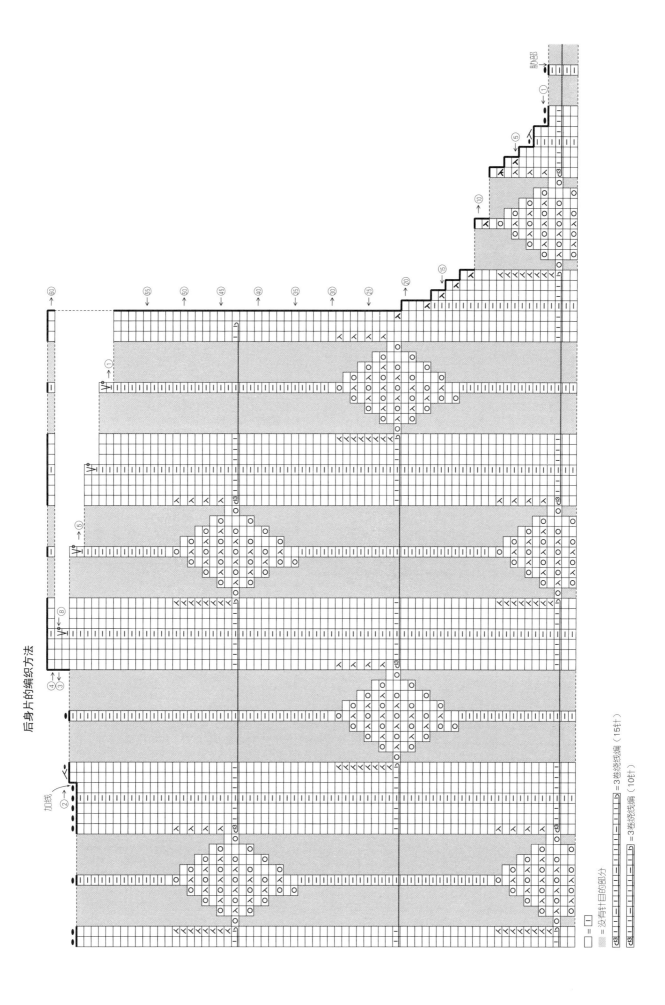

后身片的编织方法

编织花样

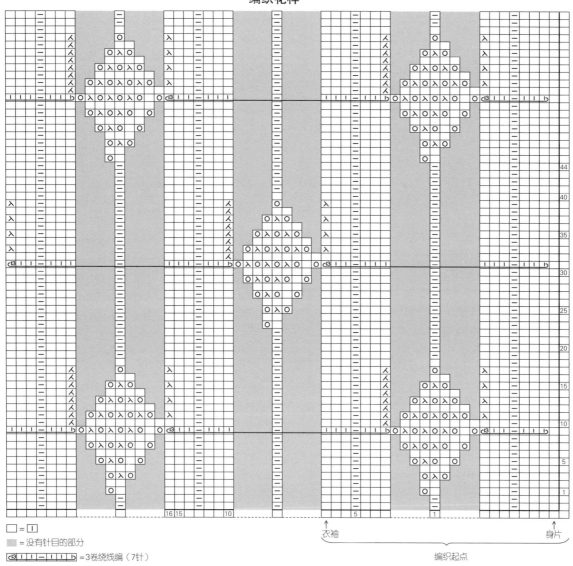

□ = □

▨ = 没有针目的部分

⊂⊐ ∣∣∣ − ∣∣ b = 3卷绕线编（7针）

⊂⊐ ∣∣∣∣ − ∣∣∣ − ∣∣ b = 3卷绕线编（15针）

袖山的编织方法

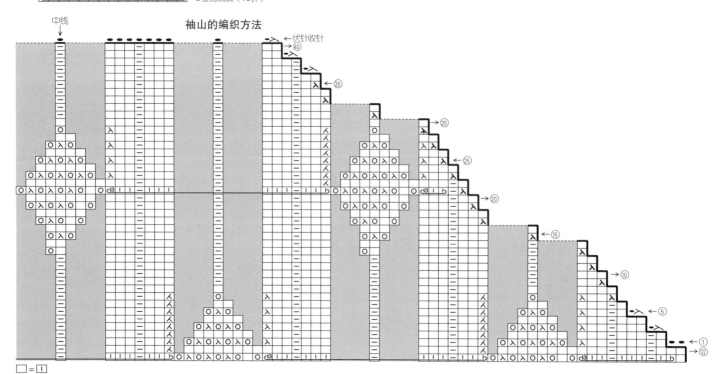

伏针收针

□ = □

⊂⊐ ∣∣∣ − ∣∣∣∣ − ∣∣ b = 3卷绕线编（10针）

⊂⊐ ∣∣∣ − ∣∣∣∣ − ∣∣∣ − ∣∣ b = 3卷绕线编（15针）

⊂⊐ ∣∣ b = 3卷绕线编（3针）

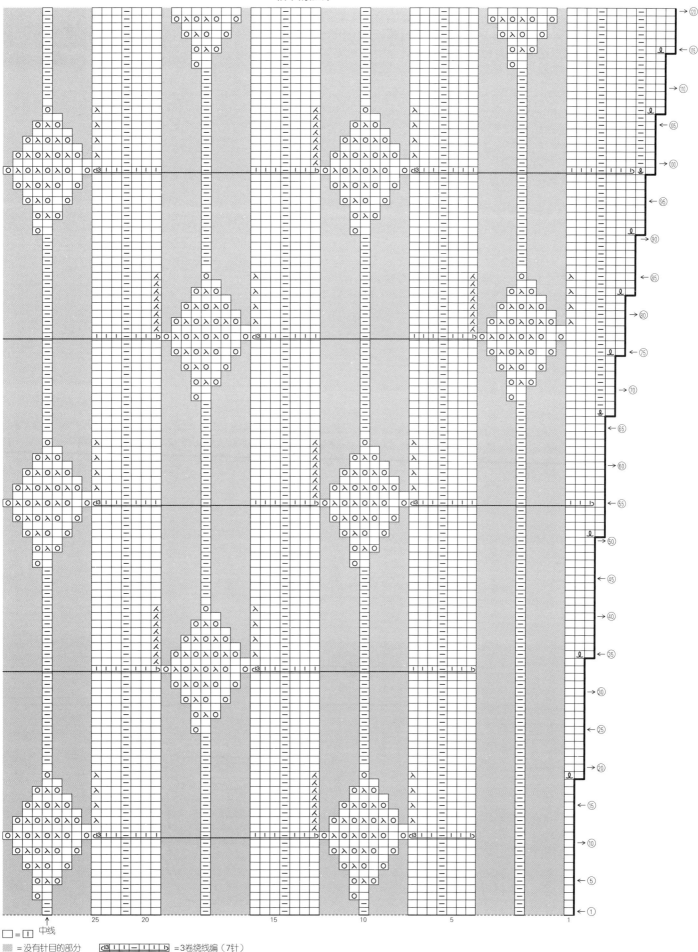

□ = 1 中线

■ = 没有针目的部分　　d3 | | | — | | | b =3卷绕线编（7针）

ℓ = 扭针加针　　　　　d3 | | | — | | | | — | | | b =3卷绕线编（15针）

ℓ = 上针的扭针加针　　d3 | | | — | | | | — | | | b =3卷绕线编（11针）

材料
奥林巴斯 Tree House Lieto
[A] 紫色、红色、绿色系(703) 435g/11团
[B] 绿色、原白色、粉红色系(701) 330g/9团
[C] 藏青色、蓝色系(706) 285g/8团
[D] 茶色、黄绿色、浅粉色系(708) 330g/9团
[E] 粉红色、橙色、红色系(704) 285g/8团

工具
棒针8号、10号

成品尺寸
[A] 胸围103cm,衣长76.5cm,连肩袖长70.5cm
[B、D] 胸围103cm,衣长56.5cm,连肩袖长70.5cm
[C、E] 胸围103cm,衣长66.5cm,连肩袖长31cm

编织密度
10cm×10cm面积内：下针编织20.5针,28行；编织花样31针,28行

编织要点
●通用…身片另线锁针起针后开始编织。后身片做下针编织,前身片做下针编织和编织花样。加针时在1针内侧编织扭针加针。减2针及以上时做伏针减针,减1针时立针侧边1针减针。下摆解开起针时的锁针挑取针目后,编织起伏针和单罗纹针,结束时从反面做伏针收针。肩部做盖针接合。

●A、B、D…衣袖按后身片的要领编织。胁部、袖下做挑针缝合。衣领挑取指定针数后环形编织起伏针和单罗纹针。衣领(A)一边调整编织密度一边编织,结束时按下摆的要领做伏针收针,注意不要收得太紧。衣袖与身片之间做引拔接合。

●C、E…袖口挑取指定针数后编织起伏针和单罗纹针,结束时按下摆的要领收针。胁部做挑针缝合,袖口下侧做挑针缝合以及对齐针与行缝合。领口按B的要领编织。

A
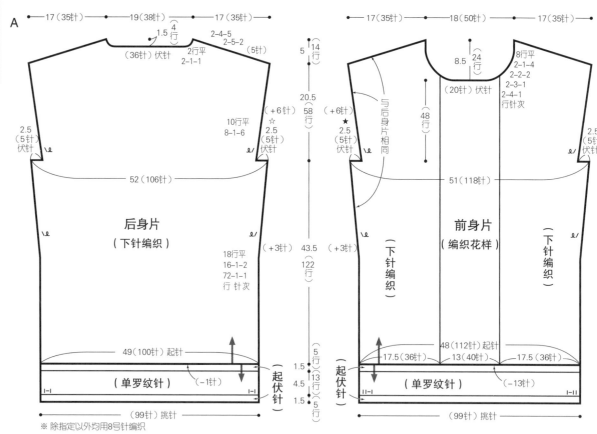

后身片（下针编织）
前身片（编织花样）

17(35针)　19(38针)　17(35针)
1.5 4行
2-4-5
2-5-2 (5针)
(36针)伏针
2行平 2-1-1
2.5(5针)伏针
(+6针)
10行平 8-1-6
2.5(5针)伏针
52(106针)
18行平 16-1-2
72-1-1 行 针次
(+3针)
49(100针)起针
(单罗纹针) (−1针)
(起伏针)
(99针)挑针
※除指定以外均用8号针编织

17(35针)　18(50针)　17(35针)
8.5 24行
(20针)伏针
8行平 2-1-4 2-2-2 2-3-1 2-4-1 行针次
48行
与后身片相同
2.5(5针)伏针 (+6针) 2.5(5针)伏针
51(118针)
(下针编织) (下针编织)
(+3针)
48(112针)起针
17.5(36针) 13(40针) 17.5(36针)
(单罗纹针) (−13针)
(起伏针)
(99针)挑针
5 14行
20.5 58行
43.5 122行
1.5 5行
4.5 13行
1.5 5行

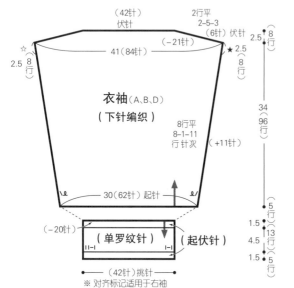

衣袖(A、B、D)（下针编织）

(42针)伏针
2行平 2-5-3 (6针)伏针
41(84针) (−21针)
2.5 8行
2.5 8行
2.5 8行
8行平 8-1-11 行针次 (+11针)
34(96行)
30(62针)起针
(−20针)
(单罗纹针) (起伏针)
(42针)挑针
※对齐标记适用于右袖
1.5 5行
4.5 13行
1.5 5行

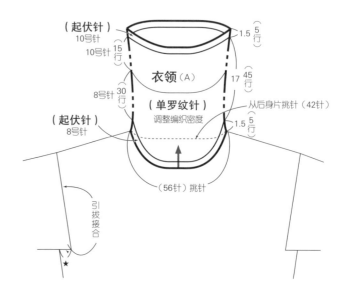

衣领(A)

(起伏针)
10号针
10号针
(单罗纹针)
调整编织密度
8号针 30
(起伏针)
8号针
1.5 5行
17 45
从后身片挑针(42针)
1.5 5行
(56针)挑针
引拔接合

符号图见136页▶

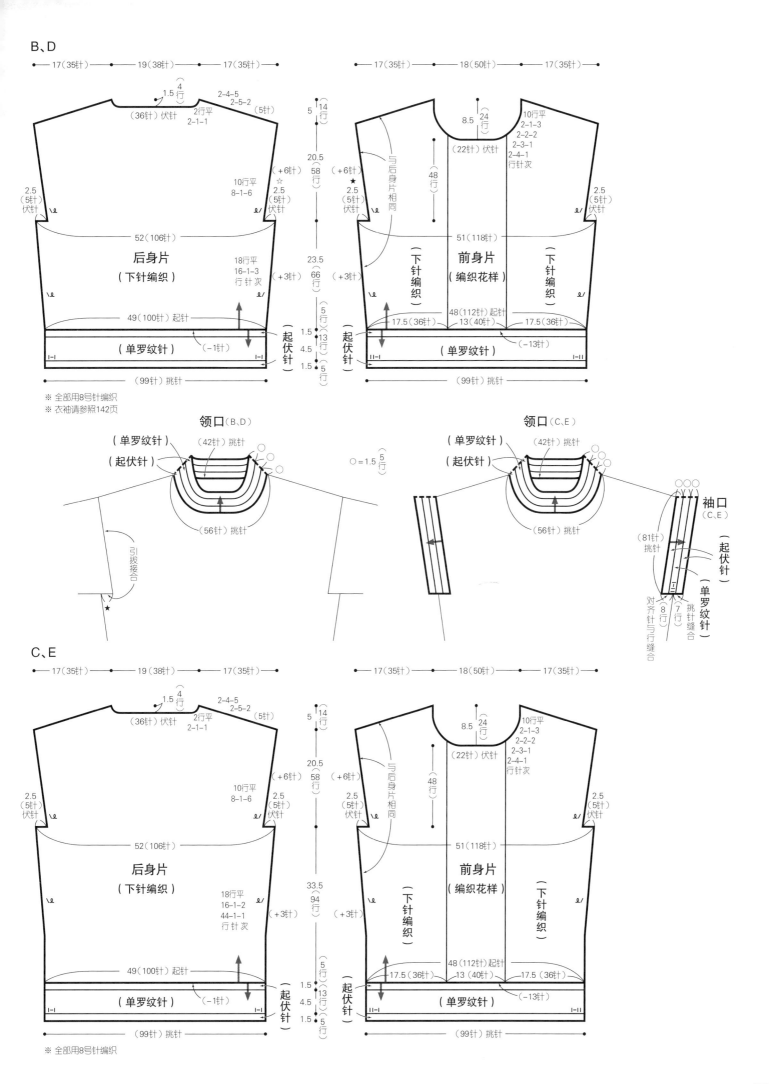

B、D

17（35针）— 19（38针）— 17（35针）

17（35针）— 18（50针）— 17（35针）

1.5 (4 行)

（36针）伏针   2行平   2-4-5
2-1-1   2-5-2 （5针）

10行平
2-1-3
2-2-2
2-3-1
2-4-1
行针次

8.5 (24 行)

（22针）伏针

5 (14 行)
20.5
58
（行）

与后身片相同

48
行

（+6针）☆
10行平   2.5
8-1-6   （5针）
伏针

2.5
（5针）
伏针

（+6针）★   2.5
（5针）
伏针

52（106针）

51（118针）

后身片
（下针编织）

前身片
（编织花样）

（下针编织）

（下针编织）

18行平
16-1-3
行针次

23.5
66
（行）

（+3针）

（+3针）

49（100针）起针

48（112针）起针

17.5（36针）   13（40针）   17.5（36针）

（单罗纹针）

（−1针）

（起伏针）

（−13针）

（单罗纹针）

1.5   5 行
13
4.5
1.5   5 行

（起伏针）

（99针）挑针

（99针）挑针

※ 全部用8号针编织
※ 衣袖请参照142页

领口（B、D）

（单罗纹针）   （42针）挑针
（起伏针）

○ = 1.5 (5 行)

（56针）挑针

引拔接合
★

领口（C、E）

（单罗纹针）   （42针）挑针
（起伏针）

（56针）挑针

袖口
（C、E）

（81针）挑针

（起伏针）

（单罗纹针）

对齐针与行缝合   挑针缝合   8行   7行

C、E

17（35针）— 19（38针）— 17（35针）

17（35针）— 18（50针）— 17（35针）

1.5 (4 行)

（36针）伏针   2行平   2-4-5
2-1-1   2-5-2 （5针）

10行平
2-1-3
2-2-2
2-3-1
2-4-1
行针次

8.5 (24 行)

（22针）伏针

5 (14 行)
20.5
58
（行）

与后身片相同

48
行

（+6针）
10行平   2.5
8-1-6   （5针）
伏针

2.5
（5针）
伏针

（+6针）   2.5
（5针）
伏针

52（106针）

51（118针）

后身片
（下针编织）

前身片
（编织花样）

（下针编织）

（下针编织）

18行平
16-1-2
44-1-1
行针次

33.5
94
（行）

（+3针）

（+3针）

49（100针）起针

48（112针）起针

17.5（36针）   13（40针）   17.5（36针）

（单罗纹针）

（−1针）

（起伏针）

（−13针）

（单罗纹针）

1.5   5 行
13
4.5
1.5   5 行

（起伏针）

（99针）挑针

（99针）挑针

※ 全部用8号针编织

材料

[盖毯] DMC Happy Chenille 蓝绿色(030 SURF'S UP) 45g/3 团，浅绿色(016 MARMAID) 40g/3 团，蓝 色(026 SPLASH) 30g/2 团，米色(010 FROTHY)、浅粉色(015 CHEEKY)、紫红色(024 PARTY)、粉红色(013 FUZZY)、朱红色(032 TUTTI FRUTTI) 各20g/各2 团，浅 灰 色(011 FLUFFY)、黄色(014 DUCKLING) 各15g/各1 团

[午睡枕] DMC Happy Chenille 蓝绿色(030 SURF'S UP) 90g/6 团，黄绿色(029 FIZZY) 10g/1 团，浅 绿 色(016 MARMAID)、灰绿色 (023 MOSSY) 各5g/各1 团；直径15mm的纽 扣 2 颗；填充棉适量

工具

钩针 6/0 号

成品尺寸

[盖毯] 长 66cm，宽 66cm

[午睡枕] 参照图示

编织密度

10cm×10cm面积内：条纹花样18.5针，9 行；短针 19.5针，18.5 行

编织要点

●盖毯…环形起针后，按条纹花样做环形的往返编织。注意用蓝色线钩织的行有3 针锁针的狗牙针。接着钩织边缘。

●午睡枕…钩织锁针起针，参照图示钩织各部件。参照组合方法，一边塞入填充棉一边缝合各部件。最后缝上纽扣。

▷ = 加线
► = 剪线

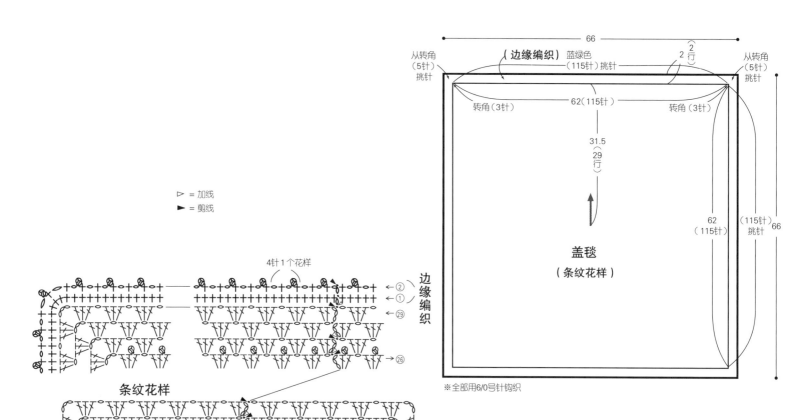

盖毯
(条纹花样)

※全部用6/0号针钩织

4针1个花样

边缘编织

条纹花样

条纹花样的配色表

第28、29行	浅绿色
第27行	蓝绿色
第26行	蓝色

第10行	浅灰色
第9行	浅绿色
第8行	黄色
第7行	蓝绿色
第6行	蓝色
第5行	米色
第4行	浅粉色
第3行	紫红色
第2行	粉红色
第1行	朱红色

（第6~10行标注 重复）

※前27行每钩织1行都要将线剪断

※条纹花样的第6、16、26行要钩织狗牙针

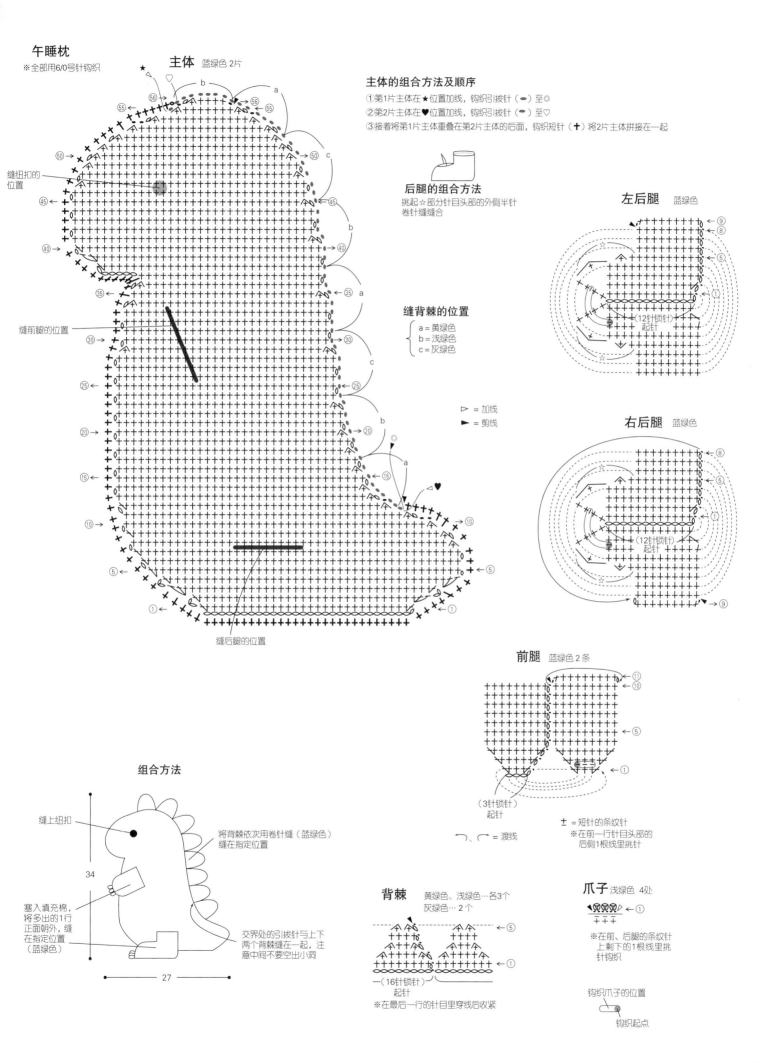

午睡枕
※全部用6/0号针钩织

主体 蓝绿色2片

主体的组合方法及顺序
①第1片主体在★位置加线,钩织引拔针(●)至◎
②第2片主体在♥位置加线,钩织引拔针(●)至♡
③接着将第1片主体重叠在第2片主体的后面,钩织短针(+)将2片主体拼接在一起

后腿的组合方法
挑起☆部分针目头部的外侧半针
卷针缝缝合

左后腿 蓝绿色

右后腿 蓝绿色

缝背棘的位置
a = 黄绿色
b = 浅绿色
c = 灰绿色

▷ = 加线
► = 剪线

缝纽扣的位置

缝前腿的位置

缝后腿的位置

(12针锁针)起针

前腿 蓝绿色2条

(3针锁针)起针

± = 短针的条纹针
⌐⌐ = 渡线
※在前一行针目头部的后侧1根线里挑针

组合方法

缝上纽扣

34

塞入填充棉,将多出的1行正面朝外,缝在指定位置(蓝绿色)

27

将背棘依次用卷针缝(蓝绿色)缝在指定位置

交界处的引拔针与上下两个背棘缝在一起,注意中间不要空出小洞

背棘 黄绿色、浅绿色…各3个 灰绿色…2个

(16针锁针)起针
※在最后一行的针目里穿线后收紧

爪子 浅绿色4处

※在前、后腿的条纹针上剩下的1根线里挑针钩织

钩织爪子的位置

钩织起点

145

材料
Hobbyra Hobbyre Wool Cute 藏青色(08)
35g/2团，粉红色(02) 30g/2团，紫色(09)
15g/1团，米色(22) 10g/1团(M号和S号
各1个的用量)

工具
钩针5/0号

成品尺寸
[M号] 宽7.5cm，深19cm
[S号] 宽7.5cm，深14.5cm

编织密度
10cm×10cm面积内：长针、配色花样均为
21.5针，11行

编织要点
● 眼睛和鼻子用1根线钩织，其余部分取指
定颜色的2根线合并编织。底部环形起针后，
一边加针一边钩织长针和短针。主体按配
色花样和长针钩织。配色花样请参照图示
钩织。接着钩织边缘。钩织细绳和小绒球，
将细绳穿入指定位置后，在细绳的末端缝上
小绒球。钩织耳朵、眼睛、鼻子、尾巴，分别
缝在指定位置。最后绣上嘴巴和胡须。

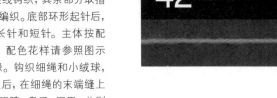
M号

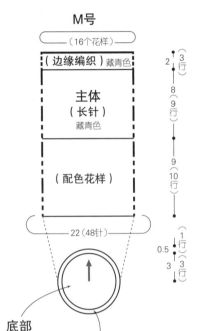

（16个花样）

（边缘编织）藏青色

主体
（长针）
藏青色

（配色花样）

22（48针）

底部
（长针）
藏青色

（短针）
藏青色

2　(3行)
8　(9行)
9　(10行)
0.5　(1行) (3行)

S号

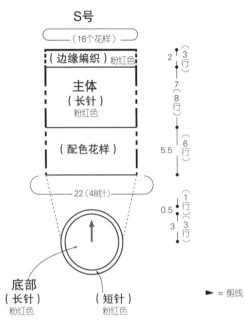

（16个花样）

（边缘编织）粉红色

主体
（长针）
粉红色

（配色花样）

22（48针）

底部
（长针）
粉红色

（短针）
粉红色

2　(3行)
7　(8行)
5.5　(6行)
0.5　(1行) (3行)

► = 剪线

※全部用5/0号针钩织
※除指定以外均用2根线钩织

鼻子
M号：紫色1个
S号：紫色1个

← 0.8 →

※用1根线钩织

眼睛
M号：米色2个
S号：藏青色2个

← 0.8 →

※用1根线钩织

小绒球
M号：米色2个
S号：米色2个

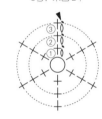

※将编织终点的线留出20cm后剪断

尾巴
M号：藏青色
S号：粉红色

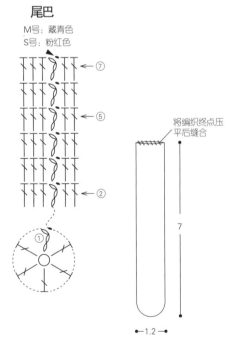

⑦
⑤
②
①

将编织终点压
平后缝合

7

← 1.2 →

耳朵的外侧
M号：藏青色2片
S号：粉红色2片

耳朵的内侧
M号：紫色2片
S号：紫色2片

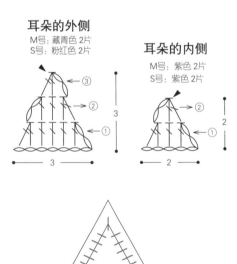

③
②
①

3

3

2

②
①

2

将耳朵的外侧和内侧正面朝外
重叠，用紫色线缝合，注意针
脚不要露出背面

细绳（锁针）
M号：紫色2条
S号：紫色2条

← 40（100针锁针）→

小绒球的组合方法

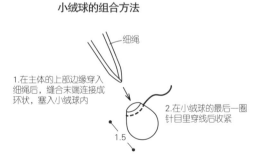

细绳

1.在主体的上部边缘穿入
细绳后，缝端末端连接成
环状，塞入小绒球内

2.在小绒球的最后一圈
针目里穿线后收紧

1.5

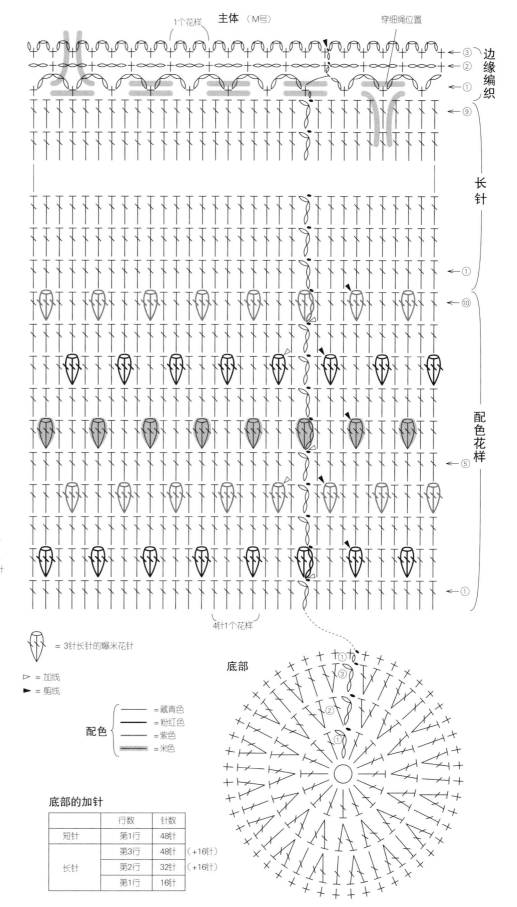

主体（M号）

1个花样　　　　　　穿细绳位置

③　边缘编织
②
①

⑨

长针

①

⑩

配色花样

⑤

①

4针1个花样

配色花样的钩织方法
・第1行… 用藏青色线钩织长针。终点的引拔针换成粉红色线钩织。
　　　　藏青色线放在一边暂停钩织。
・第2行… 用粉红色线立织3针锁针，接着钩织爆米花针。爆米花针
　　　　最后收紧的锁针用藏青色线钩织，然后将粉红色线包在针
　　　　目里面钩织3针长针。
　　　　重复钩织爆米花针和长针。
・第3行… 用藏青色线钩织长针。
・第4行… 用藏青色线立织3针锁针和1针未完成的长针。在长针最
　　　　后的引拔操作时换成紫色线，钩织爆米花针。按第2行的
　　　　要领重复钩织。
※ S号也按相同要领钩织

＝ 3针长针的爆米花针

▷ ＝ 加线
► ＝ 剪线

底部

配色 {
　＝藏青色
　＝粉红色
　＝紫色
　＝米色
}

底部的加针

	行数	针数	
短针	第1行	48针	
长针	第3行	48针	（+16针）
	第2行	32针	（+16针）
	第1行	16针	

147

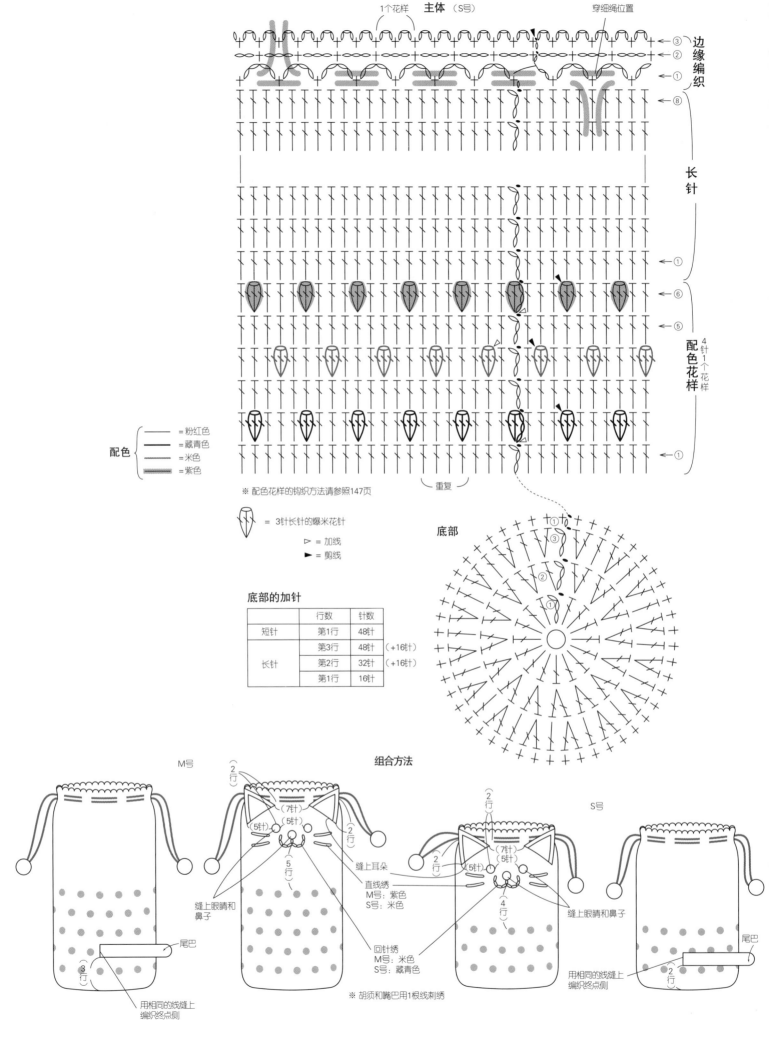

主体（S号）

1个花样

穿细绳位置

边缘编织

长针

配色花样 4针1个花样

配色
= 粉红色
= 藏青色
= 米色
= 紫色

※ 配色花样的钩织方法请参照147页

重复

= 3针长针的爆米花针

▷ = 加线

► = 剪线

底部

底部的加针

	行数	针数	
短针	第1行	48针	
长针	第3行	48针	（+16针）
	第2行	32针	（+16针）
	第1行	16针	

组合方法

M号

（2行）

（7针）
（5针）

（5针）

（5行）

缝上眼睛和鼻子

缝上耳朵

直线绣
M号：紫色
S号：米色

回针绣
M号：米色
S号：藏青色

※ 胡须和嘴巴用1根线刺绣

尾巴

（3行）

用相同的线缝上编织终点侧

S号

（2行）

（7针）
（5针）

（5针）

（4行）

缝上眼睛和鼻子

用相同的线缝上编织终点侧

尾巴

（2行）

148

材料

Hobbyra Hobbyre Wool Sweet Petit 14色
套装（每色8g）1套，Wool Cute 米色（22）
30g/2团

工具

钩针6/0号、3/0号

成品尺寸

宽14cm，长105cm

编织密度

花片的直径为3.5cm

编织要点

●全部按连接花片钩织。花片按指定配色钩织，由于将织物的反面用作正面，要注意线头的处理。从第2个花片开始，一边钩织一边在最后一圈与相邻花片连接。

42 页的作品★★

围巾
（连接花片）

105
（30片）

14
（4片）

※除指定以外均用6/0号针钩织
※花片内的数字表示钩织顺序
※将织物的反面用作正面

花片

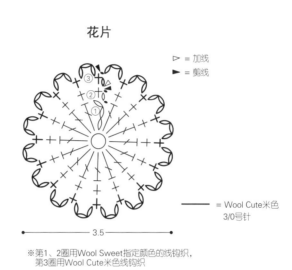

▷ = 加线
► = 剪线

── = Wool Cute米色
3/0号针

3.5

※第1、2圈用Wool Sweet指定颜色的线钩织，
第3圈用Wool Cute米色线钩织

第1、2圈的配色和片数

	第1、2圈	片数
A	米色（42）	9片
B	粉红色（35）	9片
C	深棕色（41）	9片
D	黄色（32）	9片
E	藏青色（37）	9片
F	黄绿色（40）	9片
G	深粉色（34）	9片
H	灰色（43）	9片
I	白色（31）	8片
J	红色（33）	8片
K	蓝绿色（39）	8片
L	黑色（44）	8片
M	紫色（36）	8片
N	蓝色（38）	8片

花片的连接方法

材料

[背心] 芭贝 Queen Anny 灰色(833)440g/9团

[狗狗斗篷A] 芭贝 Queen Anny 浅茶色(991) 50g/1团，Pelage 茶色(2317)20g/1团

[狗狗斗篷B] 芭贝 Queen Anny 粉红色(102) 50g/1团，Pelage 灰粉色(1386)25g/1团

工具

棒针6号、5号、4号，钩针5/0号、8/0号

成品尺寸

[背心] 胸围94cm，衣长63cm，连肩袖长29cm

[狗狗斗篷] 长19.5cm

编织密度

10cm×10cm面积内：上针编织19.5针，28行；编织花样A 22.5针，28行；编织花样B 27针，28行

编织要点

●背心…手指挂线起针，按单罗纹针、上针编织、编织花样A编织。编织14行单罗纹针后，在上针编织和编织花样A部分减针。参照图示加针。领窝减2针及以上时做伏针减针，减1针时立起侧边1针减针。肩部做盖针接合，胁部做挑针缝合。衣领挑取指定针数后，一边调整编织密度一边环形编织单罗纹针。结束时做下针织下针、上针织上针的伏针收针，注意不要收得太紧。

●狗狗斗篷…手指挂线起针，参照图示一边分散加针一边按编织花样B编织。边缘和领口钩织短针。钩织颈部系绳和腰部系绳，将颈部系绳穿在领口，将腰部系绳用藏针缝缝在指定位置。斗篷B再用短针钩织蝴蝶结，缝在指定位置。

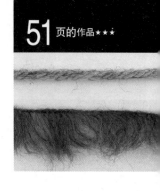

背心

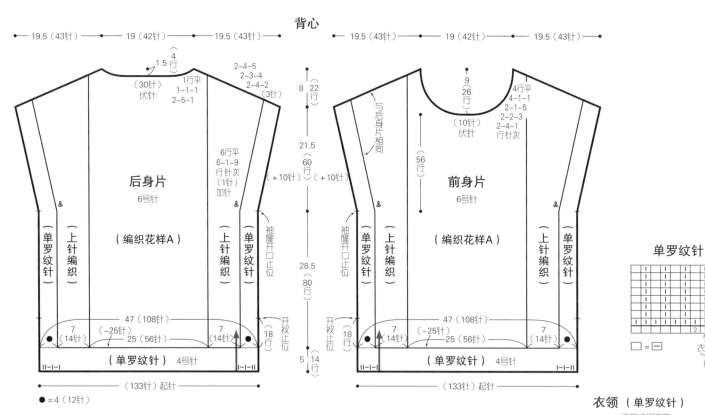

身片的加针

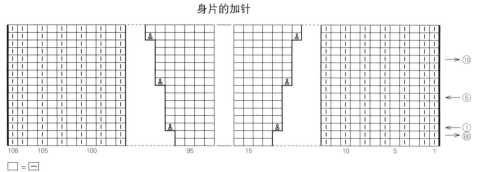

□ = □

🖇 = 上针的扭针加针

单罗纹针

衣领（单罗纹针）

编织花样A

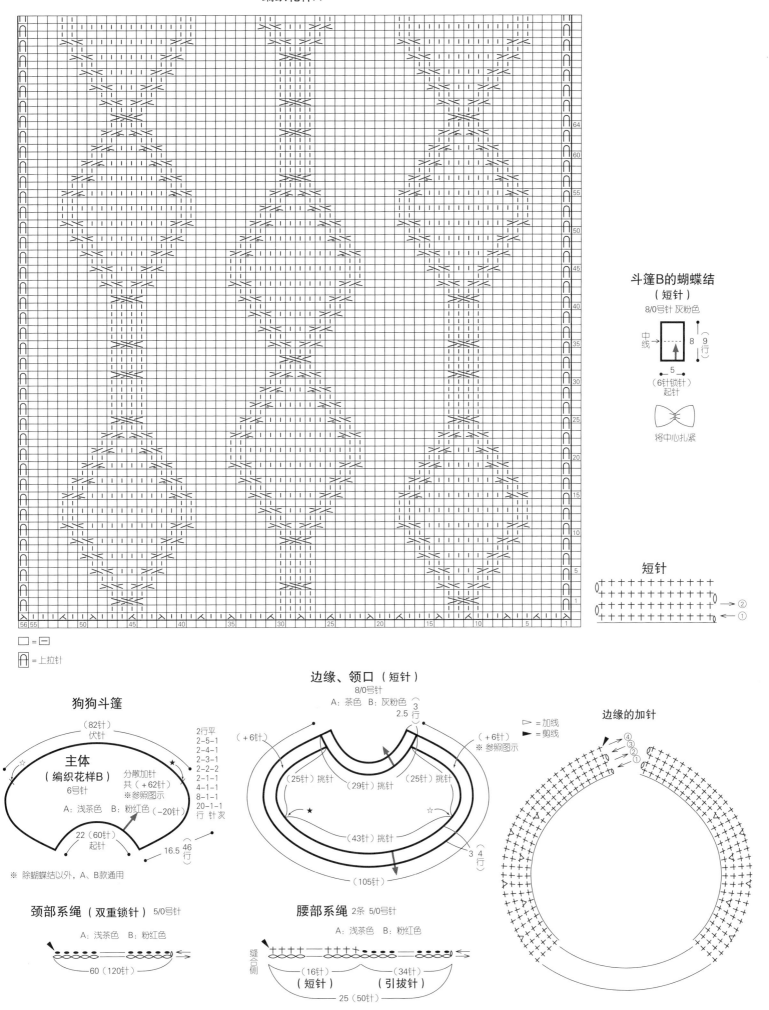

斗篷B的蝴蝶结
（短针）

8/0号针 灰粉色

中线 → 8

5
（6针锁针）
起针

将中心扎紧

短针

□ = ⊟

Ω = 上拉针

边缘、领口（短针）
8/0号针
A：茶色 B：灰粉色

＝ = 加线
＞ = 剪线
※ 参照图示

（+6针）
2.5
3行
（25针）挑针 （29针）挑针 （25针）挑针
（43针）挑针
（105针）

边缘的加针

狗狗斗篷

（82针）
伏针

主体
（编织花样B）
6号针
A：浅茶色
B：粉红色（-20针）

分散加针
共（+62针）
※参照图示

2行平
2-5-1
2-4-1
2-3-1
2-2-2
2-1-1
4-1-1
8-1-1
20-1-1
行 针次

22（60针）
起针

16.5（46行）

※ 除蝴蝶结以外，A、B款通用

颈部系绳（双重锁针）5/0号针
A：浅茶色 B：粉红色

60（120针）

腰部系绳 2条 5/0号针
A：浅茶色 B：粉红色

缝合侧

（16针） （34针）
（短针） （引拔针）
25（50针）

151

編織花樣B和分散加針

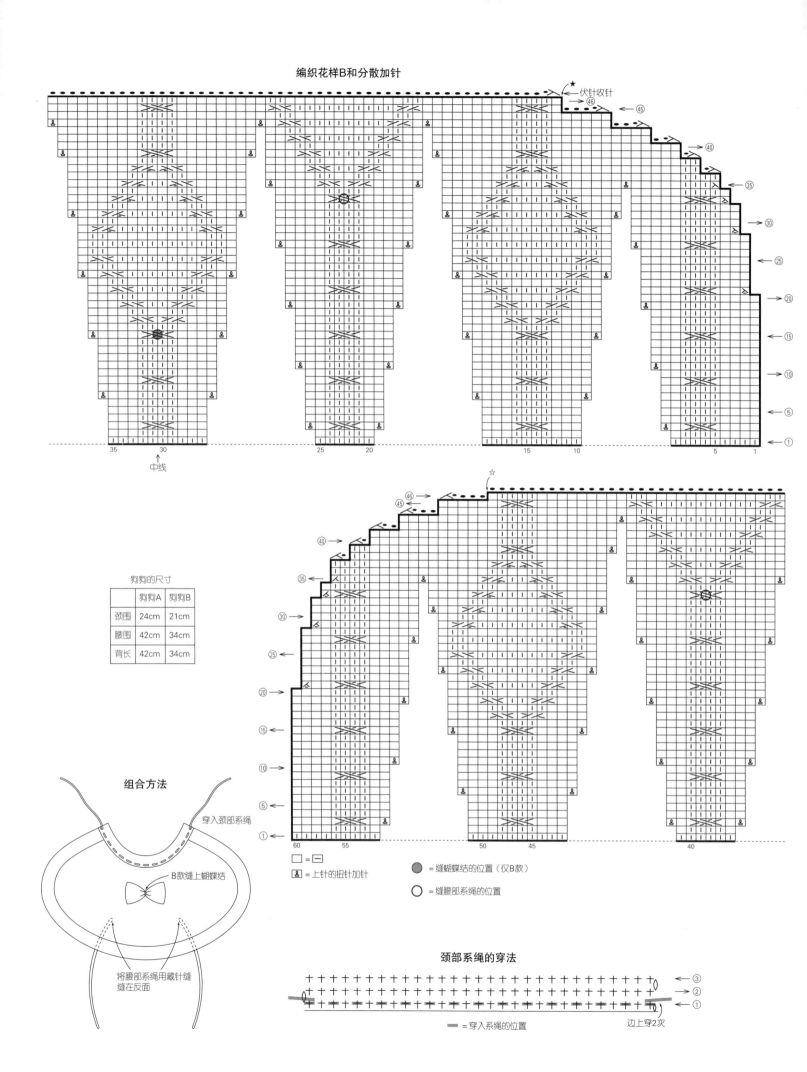

★ 伏針收針

狗狗的尺寸

	狗狗A	狗狗B
頸圍	24cm	21cm
腰圍	42cm	34cm
背長	42cm	34cm

中線

組合方法

穿入頸部系繩

B款縫上蝴蝶結

將腰部系繩用藏針縫縫在反面

□ = □

⚄ = 上針的扭針加針

● = 縫蝴蝶結的位置（僅B款）

○ = 縫腰部系繩的位置

頸部系繩的穿法

─── = 穿入系繩的位置

邊上穿2次

材料

Opal 毛线 Hundertwasser 绿色系段染（1432）
60g/1团，Uni 荧光绿色（2011 Neon Grun）
15g/1团

工具

棒针1号

成品尺寸

袜底长 21.5cm，袜筒长 19.5cm

编织密度

10cm×10cm面积内：下针编织、编织花样
A、双罗纹针均为35针，44行

编织要点

●参照67页的"朱迪魔法起针法"起针后，从袜头开始编织。参照图示按下针编织、双罗纹针、编织花样A环形编织。在袜底加针形成三角接片。将袜背的针目休针备用，按下针编织和编织花样B往返编织袜跟。为了使袜跟的针目更加紧致，用记号扣代替挂针做引返编织。从刚才休针的袜背针目上挑针，环形编织袜筒。结束时做下针织下针、上针织上针的伏针收针。

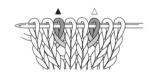

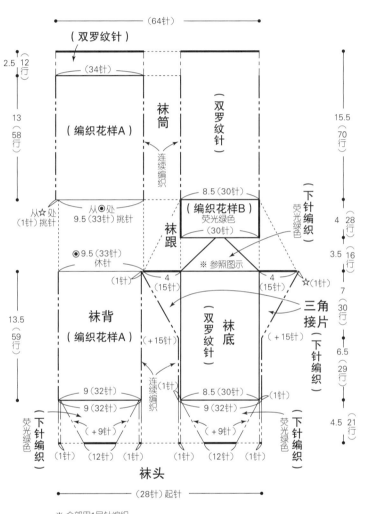

※ 全部用1号针编织
※ 除指定以外均用段染线编织
※ 起针时，参照67页在2根针上各起14针

左、右扭针加针

▲ 左扭针加针
（向左扭的加针）　△ 右扭针加针
（向右扭的加针）

使用行数记号扣做引返编织

右侧

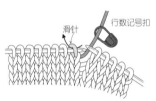

1 加入行数记号扣代替挂针，编织滑针。

2 消行时，编织上针至行数记号扣的位置，下一针不编织，直接移至右棒针上。

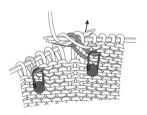

3 将左棒针从下方插入行数记号扣所在线圈向上挑起，再将刚才移至右棒针上的针目移回。

4 在2针里一起编织上针。

左侧

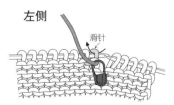
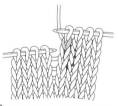
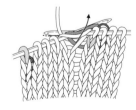

1 加入行数记号扣代替挂针，编织滑针。

2 消行时，编织下针至行数记号扣的位置。

3 将左棒针从上方插入行数记号扣所在线圈向上挑起，在2针里一起编织下针。

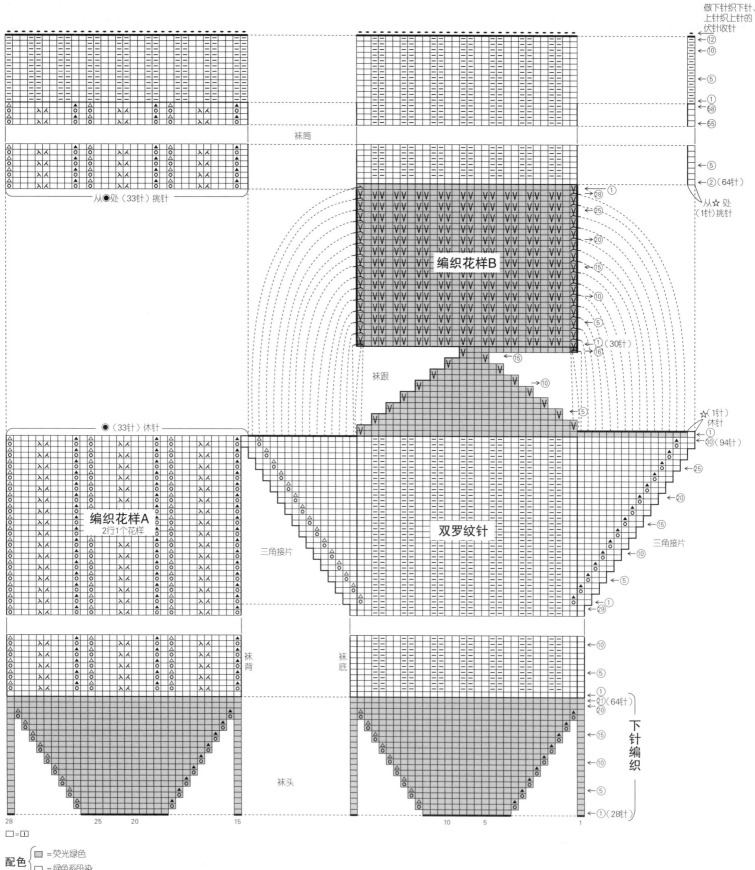

编织花样B

编织花样A
2行1个花样

双罗纹针

编织花样A

袜筒

袜跟

三角接片

三角接片

袜背

袜底

袜头

下针编织

做下针织下针、上针织上针的伏针收针

从●处（33针）挑针

从☆处（1针）挑针

●（33针）休针

☆（1针）休针

28 25 20 15

10 5 1

□=1

配色 { = 荧光绿色
　　　 = 绿色系段染

▲ = 左扭针

△ = 右扭针

V = 滑针（1行）

= 将滑针与三角接片针目之间的渡线扭一下，然后在这3针里编织左上3针并1针，下一行将该针目编织成滑针

= 将滑针与三角接片针目之间的渡线扭一下，然后在这3针里编织右上3针并1针，下一行将该针目编织成滑针

= 左上2针并1针，下一行将该针目编织成滑针

= 右上2针并1针，下一行将该针目编织成滑针

材料
和麻纳卡 Korpokkur 灰色（14）65g/3 团

工具
棒针1号

成品尺寸
袜底长22cm，袜筒长16cm

编织密度
10cm×10cm面积内：下针编织30针，42行；
单罗纹针37针，37行

编织要点
●另线锁针起针后，从袜头开始做下针编织。参照68页做绕线和翻面（Wrap&Turn）引返编织。袜头完成后，解开起针时的锁针挑取针目，环形编织袜底和袜背。将袜背的30针休针备用，袜跟按袜头的要领编织。袜跟完成后，从休针处挑针，按下针编织和单罗纹针编织袜筒。翻转织物，看着反面按编织花样环形编织褶边。结束时做上针的伏针收针。

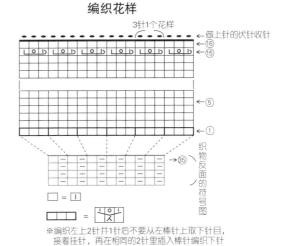

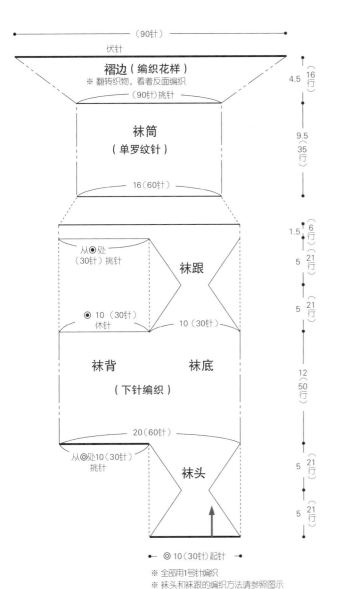

（90针）
伏针

褶边（编织花样）
※翻转织物，看着反面编织
（90针）挑针

4.5 16行

袜筒
（单罗纹针）

9.5 35行

16（60针）

从◉处（30针）挑针

1.5 6行

袜跟

5 21行

◉ 10（30针）休针   10（30针）

5 21行

袜背   **袜底**
（下针编织）

12 50行

20（60针）

从◉处10（30针）挑针

袜头

5 21行

5 21行

← ◉ 10（30针）起针 →

※全部用1号针编织
※袜头和袜跟的编织方法请参照图示

编织花样

3针1个花样

→做上针的伏针收针
←⑯
←⑮

←⑤

←①

织物反面的符号图

□ = ⊡

□□□ = ⊡⊠

→㉟

※编织左上2针并1针后不要从左棒针上取下针目，接着挂针，再在相同的2针里插入棒针编织下针。

⌐⊙⌐ = 穿过左针的盖针（3针）

穿过左针的盖针（3针）
⌐⊙⌐

1 在左边第3针中插入棒针，如箭头所示将其覆盖在右边的2针上。

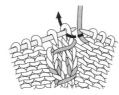

2 将棒针从前面插入右边的针目里编织下针。

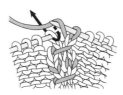

3 接着挂针，在左边的针目里插入右棒针编织下针。

4 穿过左针的盖针（3针）就完成了。

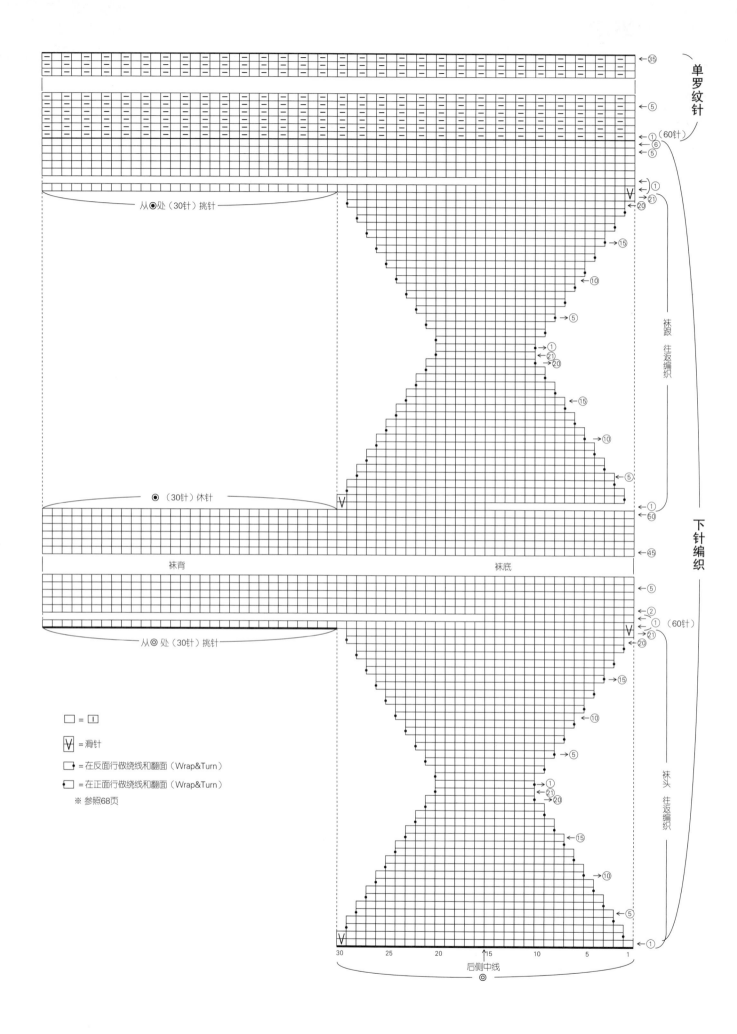

单罗纹针

（60针）

袜跟 往返编织

下针编织

从◉处（30针）挑针

◉（30针）休针

袜背　　　　　　　　袜底

从◉处（30针）挑针

□ = ⊡

Ⅴ = 滑针

⊐• = 在反面行做绕线和翻面（Wrap&Turn）

•⊏ = 在正面行做绕线和翻面（Wrap&Turn）

※ 参照68页

袜头 往返编织

30　　25　　20　　15　　10　　5　　1

后侧中线

◎

材料
达摩手编线 Super Wash Merino 柠檬黄色
（2）90g/2 团
工具
棒针 0 号
成品尺寸
袜底长 21.5cm，袜筒长 19cm
编织密度
10cm×10cm 面积内：下针编织、编织花样
A 和 B 均为 38 针，46 行

编织要点
● 参照 67 页的"朱迪魔法起针法"起针后，从袜头开始编织。参照图示按下针编织、编织花样 A 和 B 环形编织。在袜底加针形成三角接片。将袜背的针目休针备用，按下针编织和编织花样 C 往返编织袜跟。为了使袜跟的针目更加紧致，用记号扣代替挂针做引返编织。从刚才休针的袜背针目上挑针，环形编织袜筒。结束时做下针织下针、上针织上针的伏针收针。

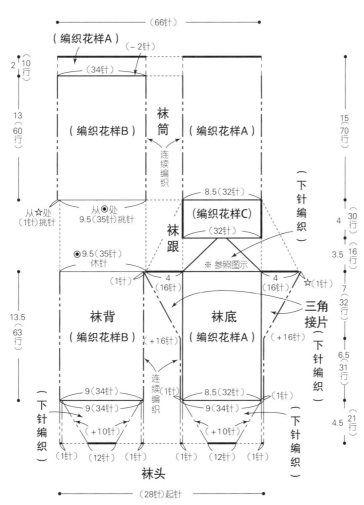

※ 全部用 0 号针编织
※ 起针时，参照 67 页在 2 根针上各起 14 针
※ 使用行数记号扣做引返编织的方法请参照 153 页

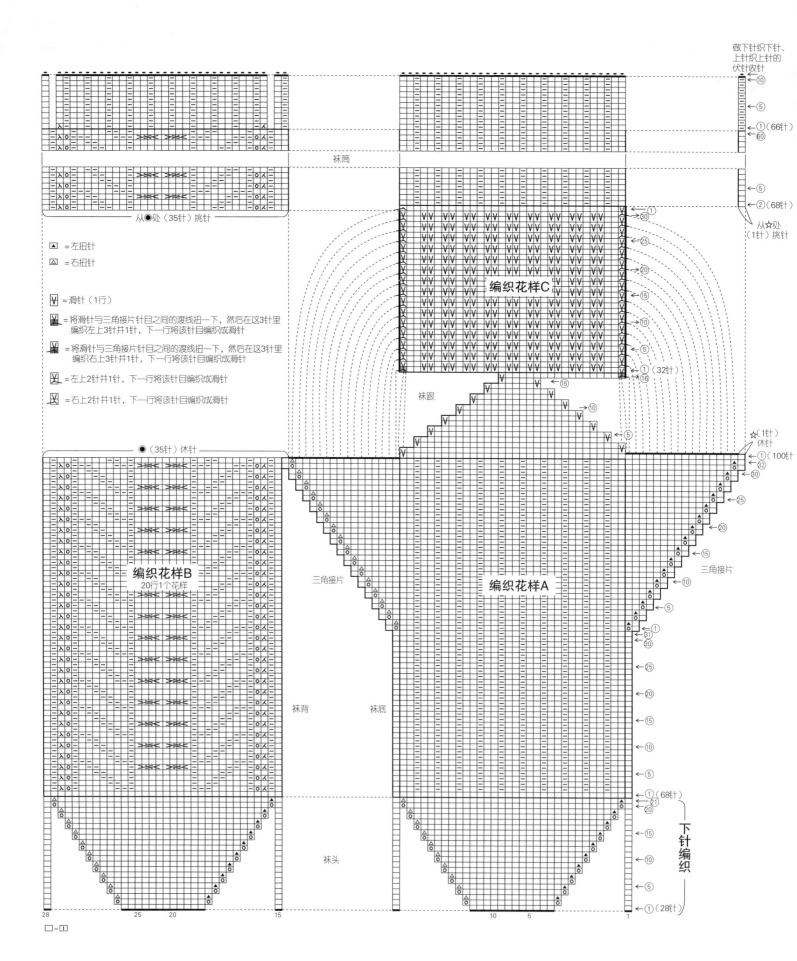

做下针织下针、
上针织上针的
伏针收针

←⑩
←⑤
←①(66针)
⑥⑩

袜筒

←⑤
←②(68针)

从☆处
(1针)挑针

从●处(35针)挑针

▲ =左扭针

△ =右扭针

Ｖ =滑针(1行)

=将滑针与三角接片针目之间的渡线扭一下,然后在这3针里
编织左上3针并1针,下一行将该针目编织成滑针

=将滑针与三角接片针目之间的渡线扭一下,然后在这3针里
编织右上3针并1针,下一行将该针目编织成滑针

=左上2针并1针,下一行将该针目编织成滑针

=右上2针并1针,下一行将该针目编织成滑针

编织花样C

←①
←㉕
←⑳
←⑮
←⑩
←⑤
←①(32针)
⑯

袜跟

←⑮
→⑩
←⑤

☆(1针)
休针

←①(100针)
㉜
㊵
←㉕
←⑳
←⑮

●(35针)休针

编织花样B
20行1个花样

三角接片

编织花样A

三角接片

←⑤
←①
㉛
㉚
←㉕
←⑳
←⑮
←⑩
←⑤
←①(68针)
㉑
⑳
←⑮
←⑩
←⑤

袜背

袜底

下针编织

袜头

←⑮
←⑩
←⑤
←①(28针)

28   25   20   15   10   5   1

□ =⊡

材料

[女款] 和麻纳卡 Korpokkur 蓝灰色(21) 70g/3 团

[男款] 和麻纳卡 Korpokkur 灰色(14) 75g/3 团

工具

棒针1号、2号

成品尺寸

[女款] 袜底长 21.5cm,袜筒长 22cm

[男款] 袜底长 24cm,袜筒长 24cm

编织密度

10cm×10cm面积内:双罗纹针32针,40

行(1号);27针,38行(2号)。编织花样A、B均为36针,40行(1号);33针,38行(2号)。下针编织28针,40行(1号);26针,38行(2号)

编织要点

●参照67页的"德式绕线起针法"起针后,按双罗纹针、编织花样A和B环形编织。编织指定行数后,参照图示往返编织袜跟。接着从袜跟、袜筒的休针处挑针,按下针编织和编织花样B环形编织。参照图示减针,结束时休针,袜头做下针无缝缝合。

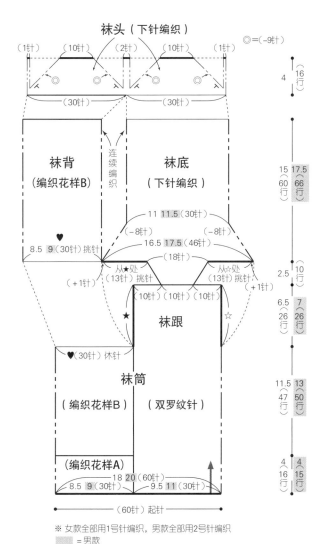

袜头(下针编织)

◎=(-9针)

(1针) (10针) (2针) (10针) (1针)

4 16行

(30针) (30针)

袜背
(编织花样B)

连续编织

袜底
(下针编织)

15 17.5
60 66
行 行

11 11.5(30针)
(-8针) (-8针)

♥

16.5 17.5(46针)

8.5 9(30针)挑针

(18针)

从★处
(13针)挑针

从☆处
(13针)挑针

(+1针) (+1针)

2.5 10行

(10针)(10针)(10针)

★ 袜跟 ☆

6.5 7
26 26
行 行

♥(30针)休针

袜筒

(编织花样B) (双罗纹针)

11.5 13
47 50
行 行

(编织花样A)

18 20(60针)

8.5 9(30针) 9.5 11(30针)

4 4
16 15
行 行

(60针)起针

※ 女款全部用1号针编织,男款全部用2号针编织

░░░ =男款

无底纹 =女款、通用

※ 袜底的两端编织上针

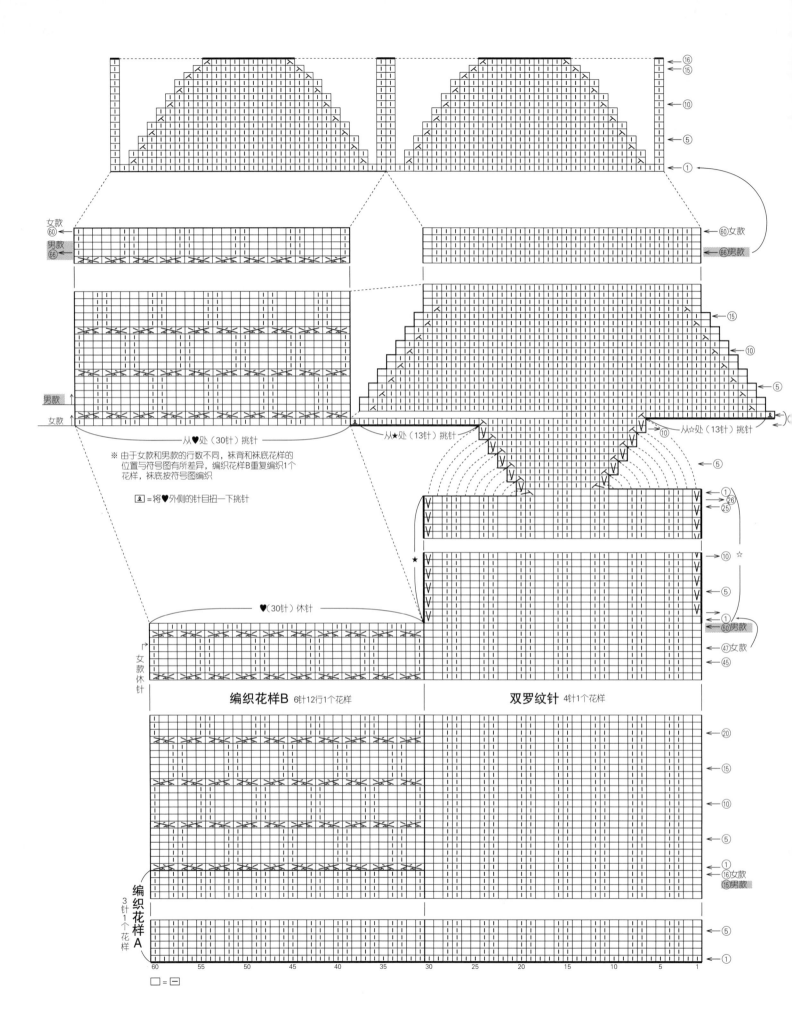

女款⑥⑥

男款⑥⑥ →

男款 ↑

女款 ↑

从♥处（30针）挑针

从★处（13针）挑针

从☆处（13针）挑针

※ 由于女款和男款的行数不同，袜背和袜底花样的位置与符号图有所差异，编织花样B重复编织1个花样，袜底按符号图编织

🖤 = 将♥外侧的针目扭一下挑针

♥（30针）休针

↑女款休针

编织花样B　6针12行1个花样

双罗纹针　4针1个花样

编织花样A

3针1个花样

□ = ⊟

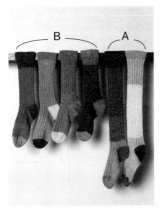

材料

[A] DMC Révélation Glitter 绿色、灰色、白色系段染（505）95g/1团

[B] DMC Révélation Glitter 紫色、粉红色、橙色、黄色、绿色、蓝色系段染（504）130g/1团

工具

棒针3号

成品尺寸

[A] 袜底长22.5cm，袜筒长42cm

[B] 袜底长22.5cm，袜筒长27cm

编织密度

10cm×10cm面积内：双罗纹针32针，32行

编织要点

●另线锁针起针后，环形编织下针和双罗纹针。在袜跟位置编入另线。编织指定行数后，编织单罗纹针，结束时做单罗纹针收针。袜头解开起针时的锁针挑针后环形编织下针。参照图示减针，结束时休针，然后做下针无缝缝合。袜跟解开另线挑针后，参照图示编织。结束时按袜头的要领处理。

66 页的作品★★

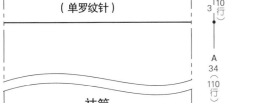

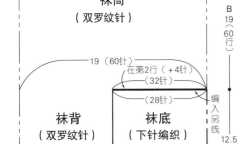

※ 全部用3号针编织

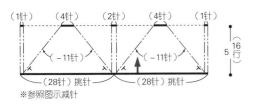

袜头（下针编织）

※参照图示减针

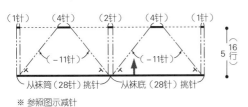

袜跟（下针编织）

※参照图示减针

袜跟位置的编织方法

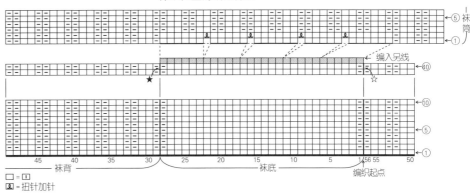

□ = □
☒ = 扭针加针

袜头的编织方法

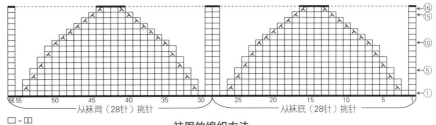

□ = □

袜跟的编织方法

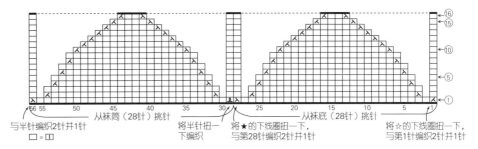

与半针编织2针并1针　　将半针扭一下编织　　将★的下线圈扭一下，与第28针编织2针并1针　　将☆的下线圈扭一下，与第1针编织2针并1针

单罗纹针

材料
和麻纳卡 Korpokkur 红褐色（8）35g/2团，
蓝色（20）30g/2团
工具
棒针1号、2号
成品尺寸
袜底长21.5cm，袜筒长17.5cm
编织密度
10cm×10cm面积内：配色花样34针，32行；
下针编织30针，39行

编织要点
●手指挂线起针后，按双罗纹针和配色花样环形编织。配色花样用横向渡线的方法编织。接着袜背和袜底编织下针，在袜跟的第1行位置编入另线。袜头的减针请参照图示编织，结束时休针，然后做下针无缝缝合。袜跟解开另线挑针后参照图示编织，结束时按袜头的要领处理。

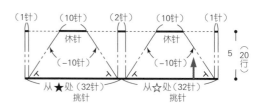
袜头（下针编织） 1号针 红褐色

（1针）（8针）（2针）（8针）（1针）

休针　　休针

（−11针）　（−11针）

（32针）　（32针）

5　20行

袜背　　**袜底**
（下针编织）
1号针 蓝色

11.5（45行）

21（64针）　★　编入另线

☆（32针）

袜筒
（配色花样）
2号针

9.5（31行）

19（64针）

（双罗纹针） 1号针 红褐色

3（12行）

（64针）起针

※ 袜头和袜跟的编织方法请参照图示
※ 横向渡线编织配色花样的方法请参照93页

袜跟（下针编织） 1号针 红褐色

（1针）（10针）（2针）（10针）（1针）

休针　　休针

（−10针）　（−10针）

从★处（32针）挑针　从☆处（32针）挑针

5　20行

配色花样

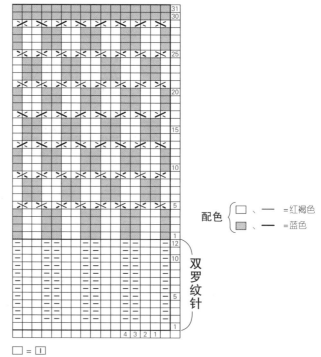

配色 { □、— =红褐色
　　　 ▨、— =蓝色 }

双罗纹针

□ = ☐

袜头的编织方法 ※将●的针目重叠在●的下方做下针无缝缝合

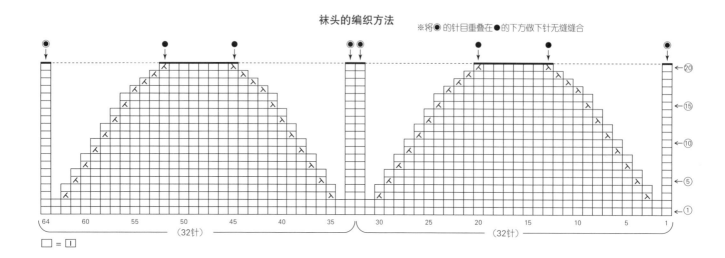

（32针）　　　　（32针）

□ = ☐

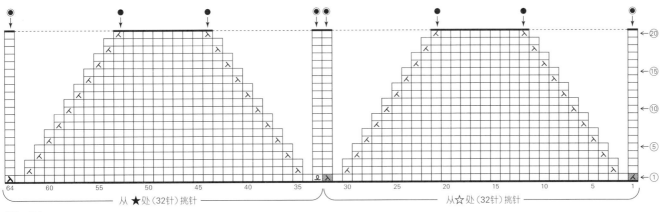

从 ★ 处（32针）挑针　　　从 ☆ 处（32针）挑针

□ = 工

人 = 将下线圈扭一下挂在左棒针上，与第1针编织左上2针并1针

人 = 将第32针滑至右棒针上，在后面的下线圈里编织扭针，再将第32针覆盖在上面

ℚ = 在半针里编织扭针

人 = 将第64针与半针编织右上2针并1针

A

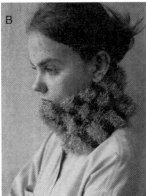

B

C

材料

奥 林 巴 斯 Shiny Fur、Tree House Palace
线的色名、色号、使用量请参照下表

工具

编织机 Amimumemo（6.5mm）

成品尺寸

颈围46cm，长35cm

编织密度

10cm×10cm面积内：下针条纹花样18针，
21行

编织要点

●参照77页，在编织机的右侧另线起针后
开始编织。用Palace线从左端开始编织2
行。接着换线编织2行，一边在两端加针和
减针，一边按下针条纹花样编织。结束时编
织几行另线，从编织机上取下织片。将编织
起点和编织终点做引拔接合。

76 页的作品★★

35（63针）

围脖
（下针条纹花样）
D = 8

（+23针）　　　（-23针）

5行平　　　5行平
4-1-23　　　4-1-23
　　　　　　行针次

46
（97行）

35（63针）起针

※上图表示的是挂在编织机上的状态

线的使用量

	Shiny Fur	Tree House Palace
A	银色（7）40g/1团	藏青色（419）30g/1团
B	橙色（4）40g/1团	茶色（414）30g/1团
C	深棕色（6）40g/1团	藏青色（419）30g/1团

下针条纹花样

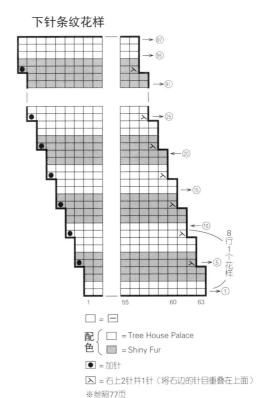

8行1个花样

□ = 工

配色 { □ = Tree House Palace
　　　 ▨ = Shiny Fur

● = 加针

人 = 右上2针并1针（将右边的针目重叠在上面）

※参照77页

※符号图表示的是挂在编织机上的状态

163

材料

钻石线 Dia Chloe 浅灰色(8402) 300g/10团

工具

棒针7号、6号、5号, 钩针3/0号

成品尺寸

胸围94cm, 肩宽34cm, 衣长55.5cm, 袖长54cm

编织密度

10cm×10cm面积内: 编织花样A 24.5针, 33行(7号针)

编织要点

●身片、衣袖…手指挂线起针后, 按编织花样A编织。身片一边调整编织密度一边编织。袖窿、领窝、袖山的减针和袖下的加针请参照图示。下摆、袖口挑取指定针数后, 一边分散加针一边按编织花样B编织。结束时做伏针收针。

●组合…褶边另线锁针起针后, 一边分散加针一边按编织花样B' 环形编织, 结束时按下摆的要领收针。肩部做盖针接合。胁部、袖下做挑针缝合。领口挑取指定针数后环形编织边缘, 编织1行后将褶边重叠在一起编织第2行, 继续编织2行。结束时做单罗纹针收针。衣袖与身片之间做引拔接合。

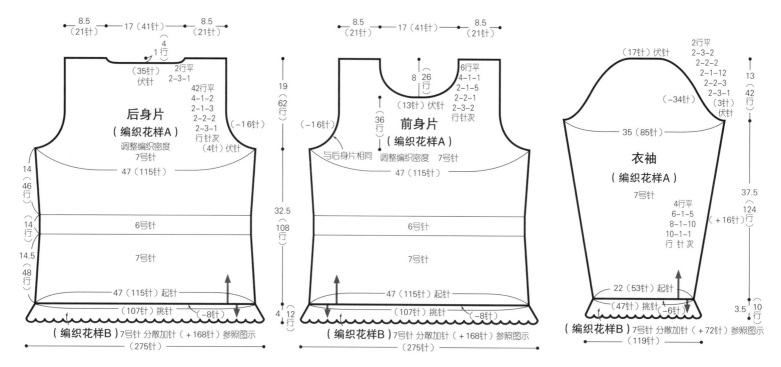

编织花样B (下摆)

□=⊡

●=下针的伏针收针

●=上针的伏针收针

编织花样B (袖口)

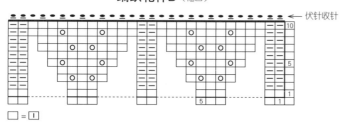

□=⊡

●=下针的伏针收针

●=上针的伏针收针

领口

(边缘编织) 5号针

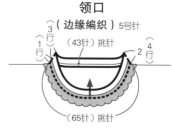

编织1行边缘, 然后将褶边重叠在上面解开另线锁针, 在2层织片里一边挑针一边编织第2行。由于挑针数比褶边的起针数多出3针, 所以后侧有3处不要从褶边上挑针。

编织花样B'

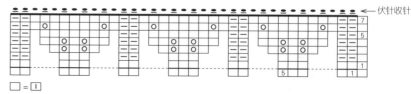

□=⊡

●=下针的伏针收针

●=上针的伏针收针

边缘编织

□=⊡

前身片中线

褶边(编织花样B') 7号针

分散加针 (+126针) 参照图示

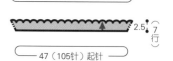

(231针)

2.5 { 7行

47 (105针) 起针

编织花样A

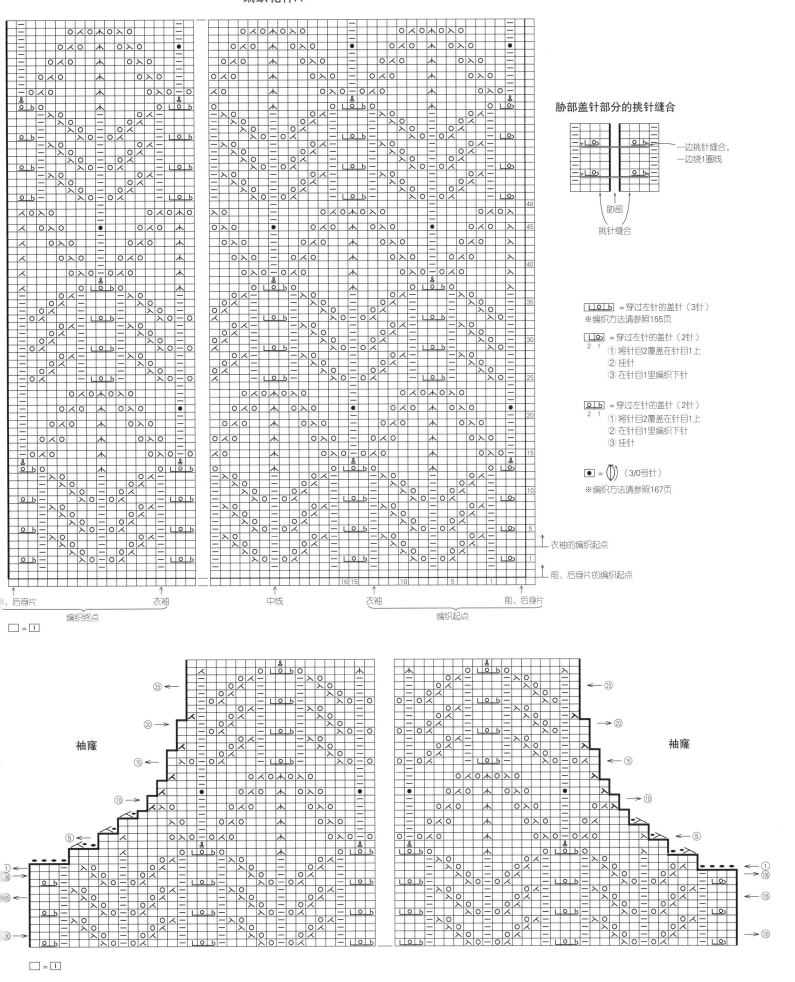

胁部盖针部分的挑针缝合

一边挑针缝合，
一边绕1圈线

胁部

挑针缝合

48
45
40
35
30
25
20
15
10
5
1

衣袖的编织起点

前、后身片的编织起点

后身片　　衣袖

编织终点

中线　　衣袖　　前、后身片

编织起点

16 15　　　10　　5　　1

☐ = ☐

|∟|o|b| = 穿过左针的盖针（3针）
※编织方法请参照155页

|∟|o|b|
 2　1 = 穿过左针的盖针（2针）
①将针目2覆盖在针目1上
②挂针
③在针目1里编织下针

|o|b|
2　1 = 穿过左针的盖针（2针）
①将针目2覆盖在针目1上
②在针目1里编织下针
③挂针

● = ◯（3/0号针）
※编织方法请参照167页

袖窿

袖窿

25
20
15
10
5
1
110
105
100

25
20
15
10
5
1
110
105
100

☐ = ☐

165

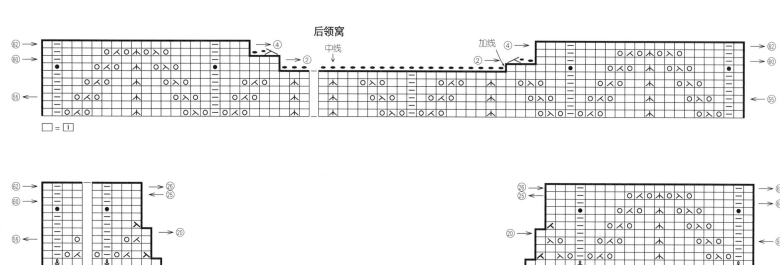

后领窝

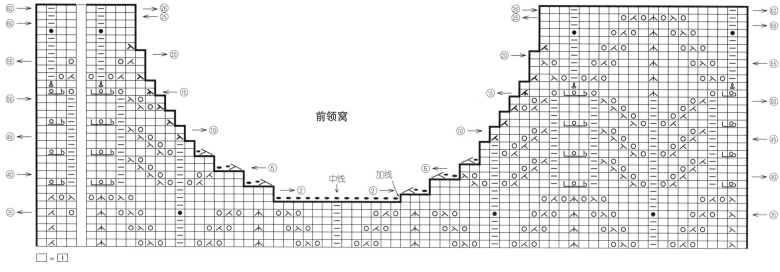

前领窝

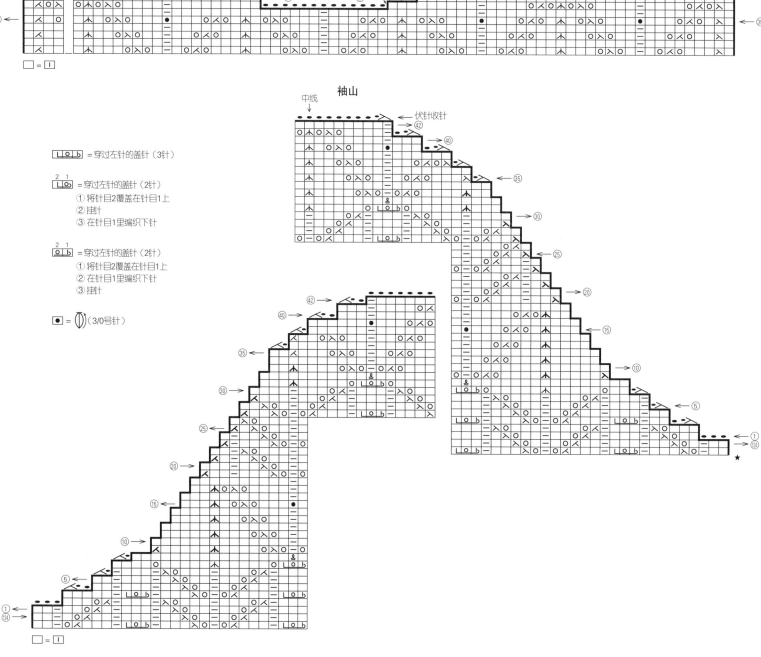

袖山

□ = □ = □（3/0号针）

□□○□ = 穿过左针的盖针（3针）

²□¹○□ = 穿过左针的盖针（2针）
①将针目2覆盖在针目1上
②挂针
③在针目1里编织下针

²□¹○□ = 穿过左针的盖针（2针）
①将针目2覆盖在针目1上
②在针目1里编织下针
③挂针

● = □（3/0号针）

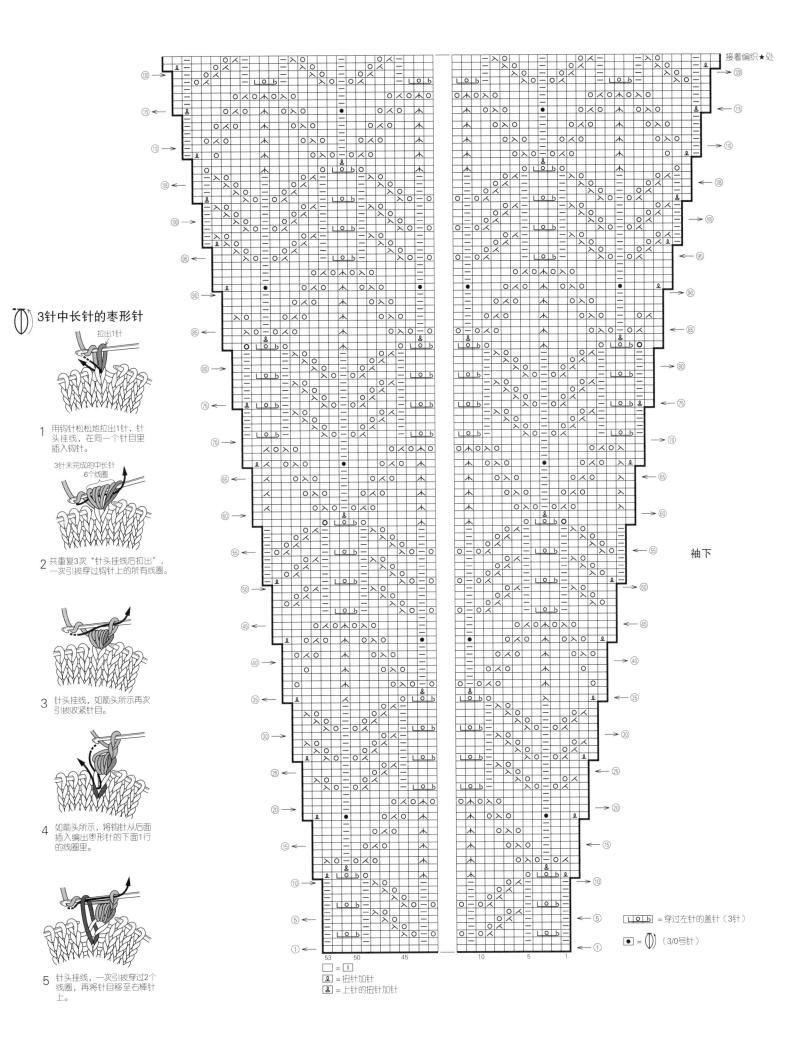

3针中长针的枣形针

1 用钩针松松地拉出1针，针头挂线，在同一个针目里插入钩针。

3针未完成的中长针 6个线圈

2 共重复3次"针头挂线后拉出"，一次引拔穿过钩针上的所有线圈。

3 针头挂线，如箭头所示再次引拔收紧针目。

4 如箭头所示，将钩针从后面插入编出枣形针的下面1行的线圈里。

5 针头挂线，一次引拔穿过2个线圈，再将针目移至右棒针上。

接着编织★处

袖下

⊔ ⌒ o ⌐ = 穿过左针的盖针（3针）

⬤ = （3/0号针）

☐ = ｜

♉ = 扭针加针

♊ = 上针的扭针加针

53　50　　45　　　　10　　5　　1

材料

K's K DRAGÉE 茶色、绿色系(19) 245g/10团，LED 黑色(69) 245g/5团

工具

棒针 10 号、8 号、6 号

成品尺寸

胸围 100cm，衣长 59cm，连肩袖长 69.5cm

编织密度

10cm×10cm 面积内：下针编织 19.5 针，24.5 行；编织花样 25 针，20.5 行

编织要点

●身片、衣袖…后身片单罗纹针起针后，做单罗纹针和下针编织。前身片另线锁针起针后，

按起伏针和编织花样编织。因为编织起点和编织终点最后一边减针一边做伏针收针，所以预先在衣袖挑针止位用线做上标记。加针时在 1 针内侧编织扭针加针，减针时立起侧边 1 针减针。编织结束时参照图示一边减针一边做伏针收针。编织起点行解开另线锁针后也按相同要领做伏针收针。肩部对齐针与行缝合。衣袖从身片挑针后，做下针编织和单罗纹针，结束时做单罗纹针收针。

●组合…领口挑取指定针数后环形编织单罗纹针，结束时按袖口的要领收针。胁部对齐针与行缝合，袖下做挑针缝合。

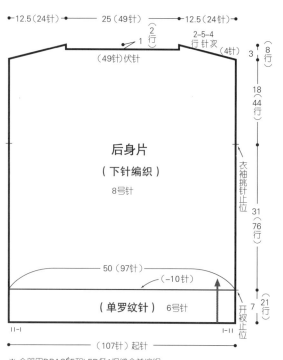

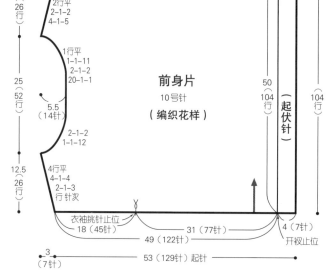

※ 全部用 DRAGÉE 和 LED 各 1 根线合并编织
※ 手指挂线单罗纹针起针的方法请参照 171 页

单罗纹针（袖口、领口）

编织花样

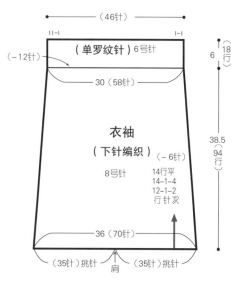

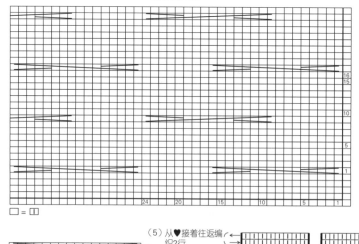

单罗纹针（下摆）

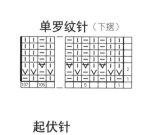

起伏针

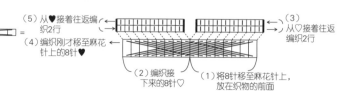

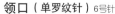

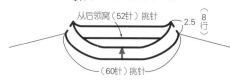

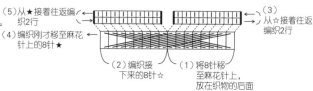

前身片斜肩、前领窝的编织方法

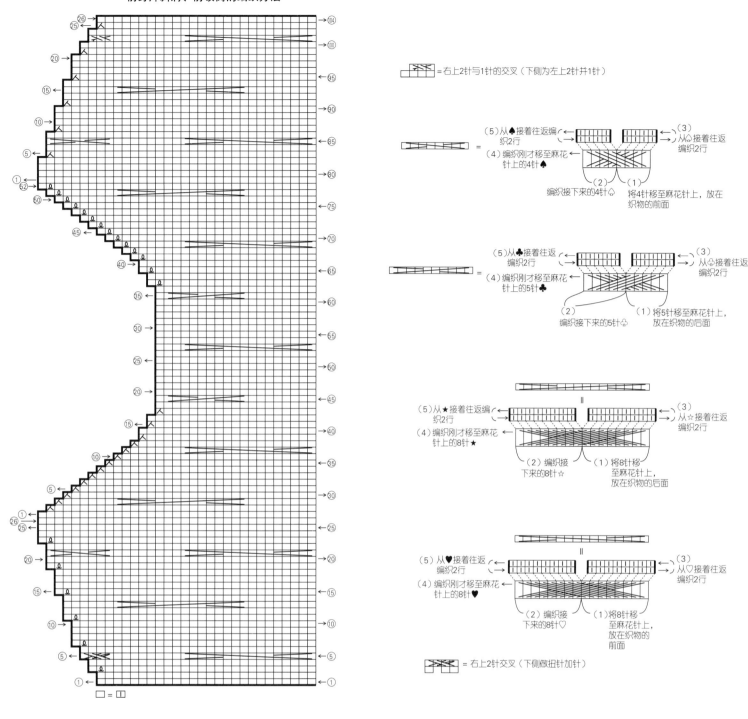

= 右上2针与1针的交叉（下侧为左上2针并1针）

（5）从♠接着往返编织2行
（4）编织刚才移至麻花针上的4针♠
（3）从♤接着往返编织2行
（2）编织接下来的4针♤
（1）将4针移至麻花针上，放在织物的前面

（5）从♣接着往返编织2行
（4）编织刚才移至麻花针上的5针♣
（3）从♧接着往返编织2行
（2）编织接下来的5针♧
（1）将5针移至麻花针上，放在织物的后面

（5）从★接着往返编织2行
（4）编织刚才移至麻花针上的8针★
（3）从☆接着往返编织2行
（2）编织接下来的8针☆
（1）将8针移至麻花针上，放在织物的后面

（5）从♥接着往返编织2行
（4）编织刚才移至麻花针上的8针♥
（3）从♡接着往返编织2行
（2）编织接下来的8针♡
（1）将8针移至麻花针上，放在织物的前面

= 右上2针交叉（下侧做扭针加针）

□ = Ⅱ

前身片编织终点行的伏针收针方法

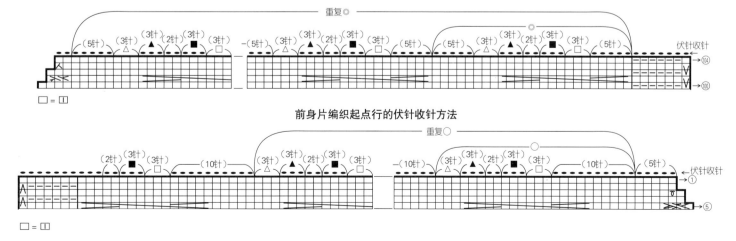

□ = Ⅱ

前身片编织起点行的伏针收针方法

□ = Ⅱ

※ 将□的针目移至麻花针上，将■的针目重叠在□的前面，在重叠的2针里一起编织伏针
※ 将▲的针目移至麻花针上，将▲的针目重叠在△的前面，在重叠的2针里一起编织伏针

材料

K's K DRAGÉE 灰色、原白色系(1) 130g/6
团，LED 白色(85) 140g/3 团

工具

棒针6号、4号，钩针4/0号

成品尺寸

胸围94cm，肩宽31cm，衣长53cm

编织密度

10cm×10cm面积内：上针编织17.5针，
24.5行；编织花样A 21针，27行

编织要点

●身片…单罗纹针起针后，编织单罗纹针。
接下来，后身片做上针编织和起伏针，前身
片按编织花样A和起伏针编织。袖窿和领
窝的减针请参照图示。

●组合…肩部做盖针接合，因为针数的关
系，前身片需要重叠2处针目。胁部做挑针
缝合，因为行数的关系，前身片需要在8处
挑取2根线缝合。衣领挑取指定针数后按
编织花样B和单罗纹针环形编织，结束时做
单罗纹针收针。在袖窿的指定位置用钩针从
反面钩织引拔针。

72 页的作品★★★

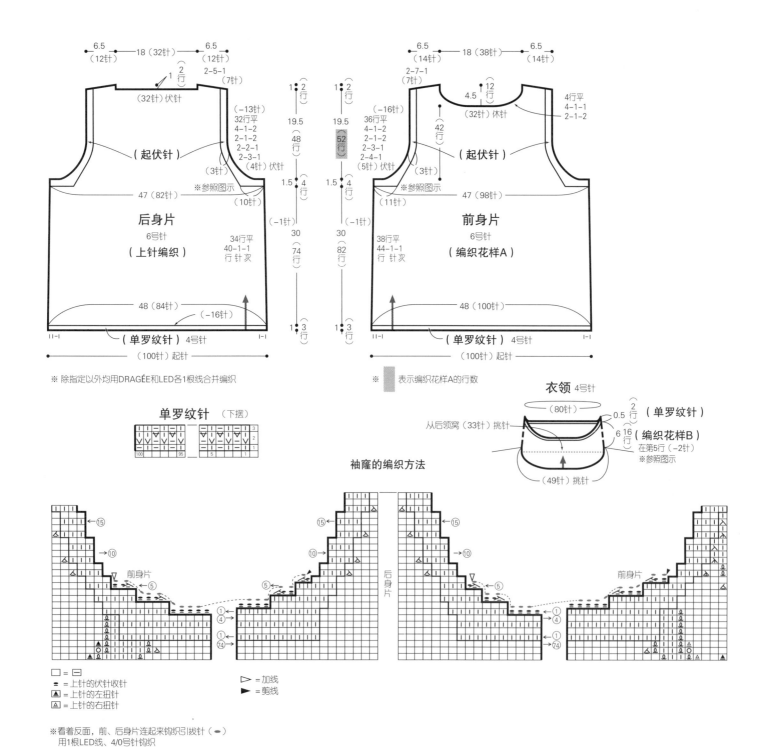

※ 除指定以外均用DRAGÉE和LED各1根线合并编织

※ ▨ 表示编织花样A的行数

单罗纹针（下摆）

衣领 4号针

（80针）

从后领窝（33针）挑针

（单罗纹针） 0.5 2行

（编织花样B） 6 16行
在第5行（－2针）
※参照图示

（49针）挑针

袖窿的编织方法

□ = 匚
凸 = 上针的伏针收针
◣ = 上针的左扭针
◢ = 上针的右扭针
▷ = 加线
▶ = 剪线

※看着反面，前、后身片连起来钩织引拔针（●）
用1根LED线、4/0号针钩织

衣领

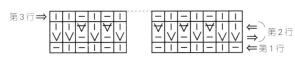

单罗纹针

编织花样 B

← ②
← ①
← ⑯
← ⑮

← ⑩

← ⑤

← ①

从前领窝（49针）挑针　　　　　　　从后领窝（33针）挑针

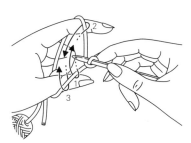
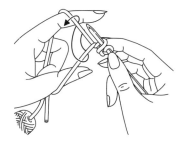

前身片

□ = ⊟

手指挂线单罗纹针起针
两端均为2针下针的情况

第3行 ⇒ ⇦ 第2行
⇦ 第1行

1 将棒针放在线的后面，如箭头所示转动棒针起上针。

2 按1、2、3的顺序转动针头起下针。

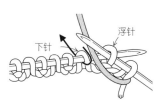

3 第3针如箭头所示转动棒针起上针。重复步骤2和3，以步骤2的下针结束。

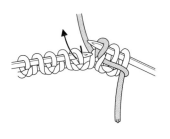

4 这是第1行左端的状态。最后以步骤3（上针）结束。

第2行

5 翻转织物，将线放在前面。

下针　浮针

6 右端的2针不编织，直接移至右棒针上（浮针），第3针编织下针。

下针　　浮针

7 接下来，交替重复编织"1针上针的浮针、1针下针"。

8 最后一针按编织下针的方式插入右棒针，将该针目移至右棒针上。

9 翻转织物，在边上的2针里编织下针。

浮针

10 从下一针开始，重复编织"1针上针的浮针、1针下针"。最后一针编织下针。

第3行

11 翻转织物，边上2针编织上针，从下一针开始交替重复编织"1针下针、1针上针"。最后一针编织上针。

171

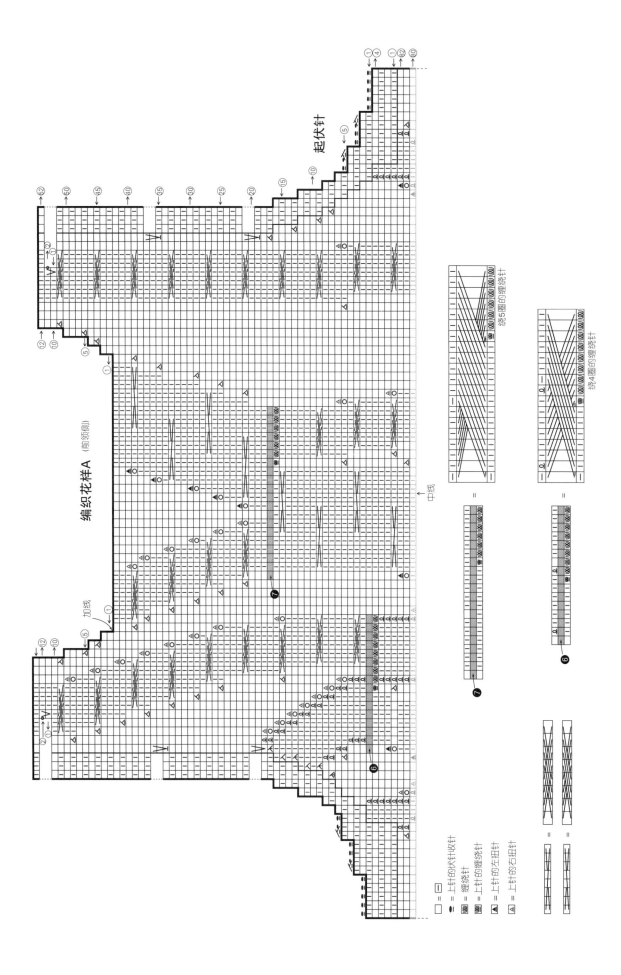

编织花样A（前领侧）

起伏针

绕5圈的缠绕针

绕4圈的缠绕针

中线

加线

编织花样A（前身片下摆侧）

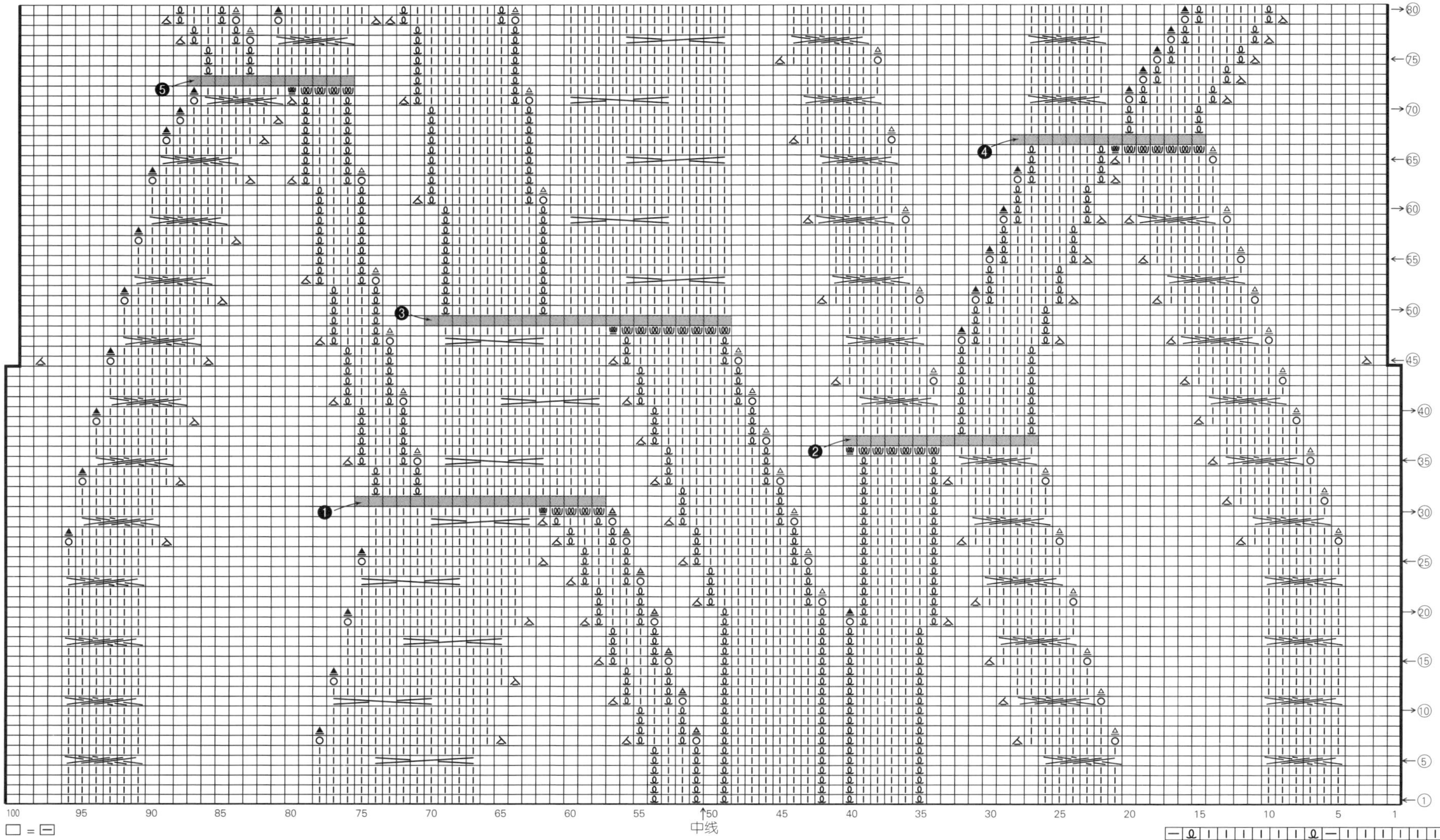

绕5圈的缠绕针

绕4圈的缠绕针

绕3圈的缠绕针

绕3圈的缠绕针

绕3圈的缠绕针

绕3圈的缠绕针

= 缠绕针
= 上针的缠绕针
= 上针的左扭针
= 上针的右扭针

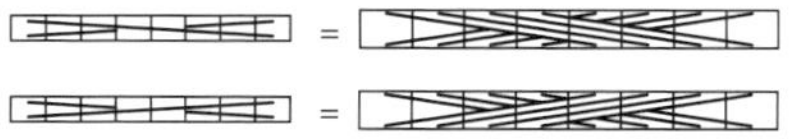

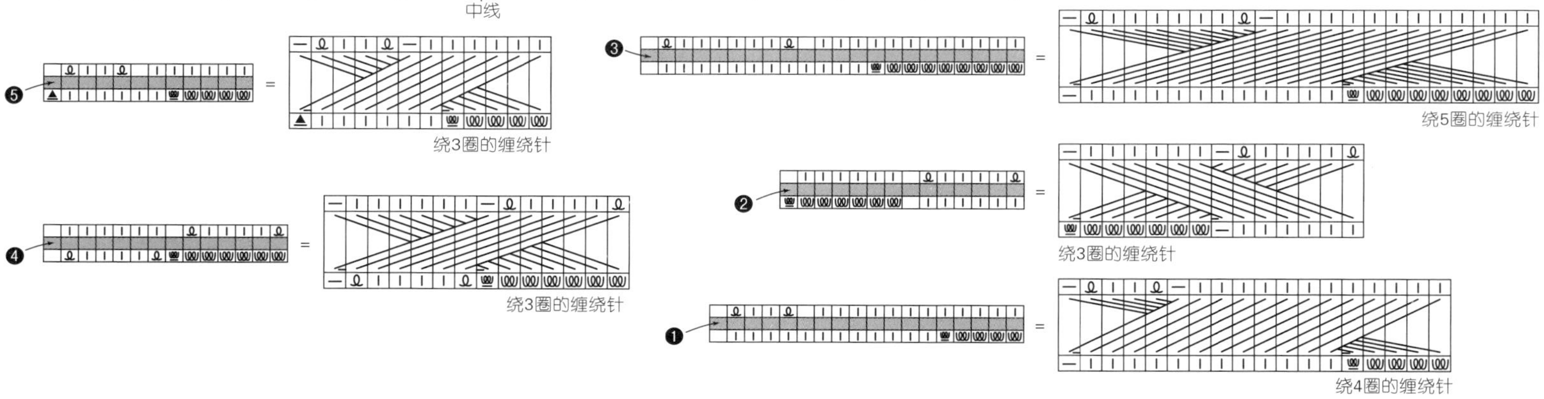

中线

173

材料

奥林巴斯 Tree House Berries 米色（201）325g/9 团，深棕色（208）10g/1 团

工具

编织机 Amimumemo（6.5mm），钩针 6/0 号

成品尺寸

胸围 102cm，衣长 52cm，连肩袖长 68.5cm

编织密度

10cm×10cm 面积内：编织花样 A 19 针，35 行（D=9）；编织花样 B 19 针，20 行

编织要点

●身片、衣袖…做退针的另线起针后，按编织花样 A、B 编织。结束时编织几行另线，从编织机上取下织片。衣领按身片的要领起针，一边调整密度盘一边按编织花样 A 编织，最后编织 1 行带退针的下针。

●组合…右肩做引拔接合，退针部分钩织 1 针锁针后引拔得稍微紧一点。衣领与身片间做机器缝合。左肩按右肩的要领接合。衣袖与身片之间做机器缝合。胁部、袖下、衣领侧边做挑针缝合。下摆、袖口、领边环形钩织边缘。

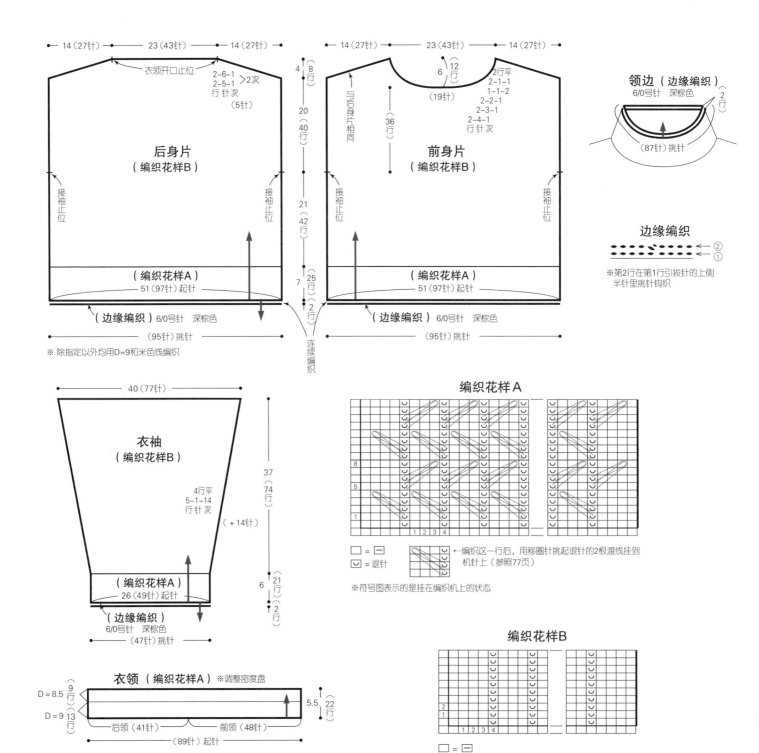

材料
达摩手编线 Cheviot Wool 灰色(2) 530g/11
团，翠绿色(3) 30g/1 团

工具
编织机 Amimumemo (6.5mm)

成品尺寸
胸围112cm，衣长64cm，连肩袖长75cm

编织密度
10cm×10cm面积内：编织花样19.5针，
27行；下针编织18针，22行

编织要点
●身片、衣袖…另线起针后开始编织，身片按编织花样编织，衣袖做下针编织。领窝减2针及以上时做引返编织，减1针时立起侧边1针减针。肩部做引返编织。袖下加针时，将

边上的1针移至外侧1根机针上，将边上第2针下面一行的针目挑上来挂到空出来的机针上。结束时编织几行另线后从编织机上取下织片。下摆、袖口编织双罗纹针。结束时编织几行另线，再从反面做引拔收针。肋部拼条按身片的要领起针后编织单罗纹针，结束时编织几行另线，从编织机上取下织片。
●组合…右肩做机器缝合。领口按身片的要领起针，一边调整密度盘一边编织双罗纹针，结束时编织几行另线。领口参照缝合方法与身片缝合。左肩做机器缝合。身片与肋部拼条做挑针缝合，注意缝合前身片时留出开衩部位。衣袖与身片、肋部拼条对齐针与行缝合。袖下做挑针缝合。

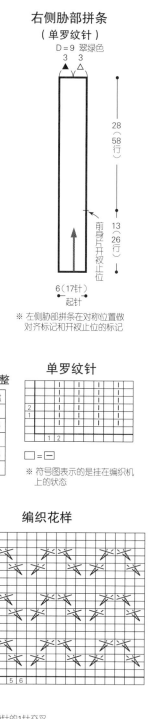

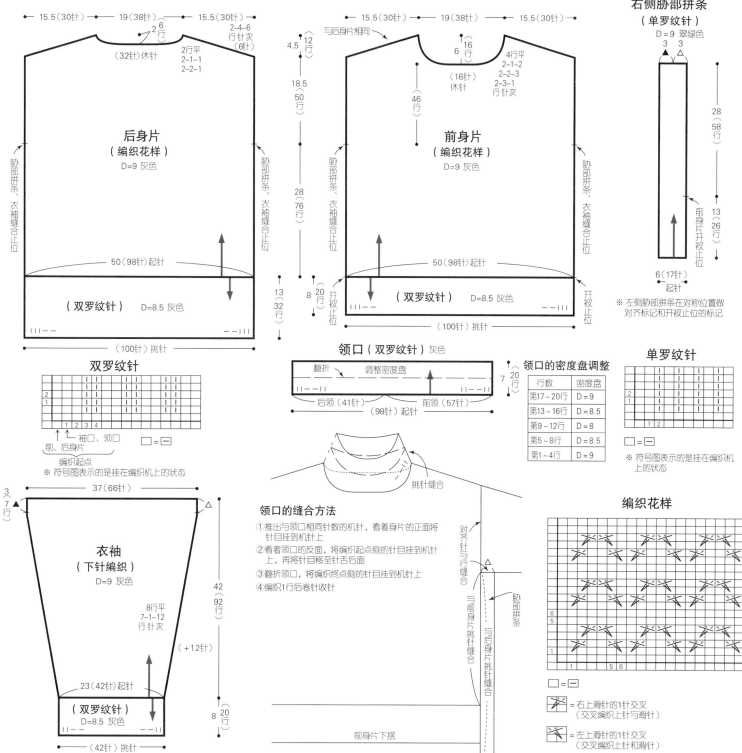

右侧胁部拼条
（单罗纹针）

双罗纹针

领口（双罗纹针）灰色

领口的密度盘调整

行数	密度盘
第17～20行	D＝9
第13～16行	D＝8.5
第9～12行	D＝8
第5～8行	D＝8.5
第1～4行	D＝9

单罗纹针

领口的缝合方法
①推出与领口相同针数的机针，看着身片的正面将针目挂到机针上
②看着领口的反面，将编织起点侧的针目挂到机针上，再将针目移至针舌后面
③翻折领口，将编织终点侧的针目挂到机针上
④编织1行后卷针收针

编织花样

□＝□

✕ ＝右上滑针的1针交叉
（交叉编织上针与滑针）

✕ ＝左上滑针的1针交叉
（交叉编织上针和滑针）

※符号图表示的是挂在编织机上的状态

KEITO DAMA 2020 WINTER ISSUE Vol.188（NV11728）

Copyright ©NIHON VOGUE-SHA 2020 All rights reserved.

Photographers: Shigeki Nakashima, Hironori Handa,Toshikatsu Watanabe, Bunsaku Nakagawa, Noriaki Moriya

Original Japanese edition published in Japan by NIHON VOGUE Corp.

Simplified Chinese translation rights arranged with BEIJING BAOKU INTERNATIONAL CULTURAL DEVELOPMENT Co., Ltd.

备案号：豫著许可备字－2020－A－0045

图书在版编目（CIP）数据

毛线球. 36，几何图案的花样编织 / 日本宝库社编著；蒋幼幼，如鱼得水译. —郑州：河南科学技术出版社，2021.3（2023.11重印）

ISBN 978-7-5725-0275-0

Ⅰ.①毛… Ⅱ.①日… ②蒋… ③如… Ⅲ.①绒线—手工编织—图解 Ⅳ.①TS935.52-64

中国版本图书馆CIP数据核字（2021）第017565号

出版发行：河南科学技术出版社

地址：郑州市郑东新区祥盛街27号　　邮编：450016

电话：（0371）65737028　　65788613

网址：www.hnstp.cn

策划编辑：刘　欣

责任编辑：梁　娟

责任校对：刘逸群　王晓红

封面设计：张　伟

责任印制：张艳芳

印　　刷：北京盛通印刷股份有限公司

经　　销：全国新华书店

开　　本：635 mm×965 mm　1/8　印张：22　字数：350千字

版　　次：2021年3月第1版　2023年11月第5次印刷

定　　价：69.00元

如发现印、装质量问题，影响阅读，请与出版社联系并调换。